東京書籍版

新編
新しい算数
完全準拠
6年

教科書

教科書の内容がすべてわかる

ガイド

『教科書ガイド』ってどんな本？

お母さん　今日授業で
わからないところがあったんだけど
どうすればいい？

復習(ふくしゅう)のしかた？
教科書を読めば
わかるんじゃない？

教科書だけ読んでも
わからなくて…

あら…

う～ん

わたしは
ちゃんと教えてあげられるか
自信ないし…

そんな時は
『教科書ガイド』を
使ってみたら！？

教科書
ガイド

教科書
ガイド

NEW HORIZON
Elementary

バーン

わ！？

なに！？

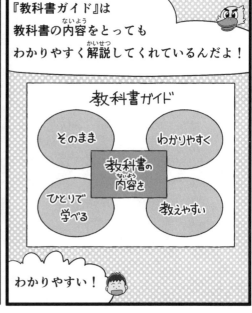

『教科書ガイド』は
教科書の内容(ないよう)をとっても
わかりやすく解説(かいせつ)してくれているんだよ！

教科書ガイド

そのまま　　わかりやすく

教科書の
内容(ないよう)を

ひとりで
学べる　　教えやすい

わかりやすい！

だから、
ひとりで学べるのはもちろん、
『教科書ガイド』を使って
教えることもできるよ！

解説(かいせつ)がわかりやすいから
わたしも子どもに教えてあげられそう！

その後

『教科書ガイド』のおかげで
教科書の内容(ないよう)がよくわかるようになったよ！

これならテストも発表も
バッチリ！

良かったね！

『教科書ガイド』東京書籍版　算数編

来週
算数のテストか…
自信ないな〜

それなら
『教科書ガイド』を
活用すればいいよ！

教科書ガイド

えっ?!

だれ！？

ポーンッ！

『教科書ガイド』では教科書の問題を
「ねらい」→「考え方」→「答え」の３ステップで
解説しているよ！

「考え方」がヒントになって
わかりやすい！

ねらい

考え方

答え

さらに「まとめ」では
大事なことがひとめでわかる！

しかも、教科書と同じ
QRコンテンツも使えるよ！

図形のイメージが
よくわかるよ！

お母さん！
『教科書ガイド』のおかげで
算数のテストで満点とったよ！

その後

すごいじゃない！

みんなも『教科書ガイド』を
使ってみよう！

はじめに

　この教科書ガイドは、東京書籍「新編　新しい算数　6年」にぴったり合わせてつくられています。教科書の重要なことがらや考え方をわかりやすくまとめてあり、教科書の問題の解き方と答えをくわしく解説してあります。自学自習用として、教科書でわからないところの解決や、毎日の予習・復習におおいに役立ててください。

　また、指導する方が教科書の内容を参照する教材としてもおおいに役立ちます。ぜひご活用ください。

教科書内のデジタルコンテンツについて

　この本では、教科書に掲載されているデジタルコンテンツの一部を、右のコードから利用できます。コードが読み取れないときは下のアドレスから利用してください。

https://www.asutoro.co.jp/kg/r06/sho/ma/6/

　利用にはインターネットを使います。保護者の方とインターネットを使うときの約束を確かめておきましょう。

<保護者のみなさまへ>
　コンテンツは無料で使えますが、通信費は別に発生することがあります。

も く じ

『新編 新しい算数6年 教科書ガイド』のしくみ

この番号は教科書の「今日の問題」を表しています。

教科書のページを表しています。

「考えるときの手がかり」は番号順にまとめてのせています。

問題を考えることによって理解してほしいことがらを示しています。

問題を解くときの考え方です。よく読んで理解してほしいことです。

問題の答えです。なぜこうなるか、「考え方」をヒントに自分でみちびいてみましょう。

この番号は教科書の「練習問題」を表しています。

教科書 p.69

教 p.69

3 ひろみさんは、900円の本を買いました。この本の値段は、雑誌の値段の $\frac{5}{3}$ 倍です。雑誌の値段を求めましょう。

1 雑誌の値段を x 円として、雑誌の値段と本の値段の関係をかけ算の式に表しましょう。

2 x にあてはまる数を求めましょう。

ねらい 倍を表す数が分数のとき、もとにする大きさの求め方を考えます。

考え方 教科書69ページの数直線の図に表したように、もとにする大きさは、雑誌の値段の x 円です。
下の式で、もとにする大きさを x 円として、かけ算の式に表して考えます。
　　　　もとにする大きさ×倍＝比べられる大きさ

答え **3** 540円

あみ…雑誌の値段を1とみたとき、本の値段が $\frac{5}{3}$ にあたるから…。

1 式 $x \times \frac{5}{3} = 900$

2 $x = 900 \div \frac{5}{3} = 900 \times \frac{3}{5} = \frac{\overset{180}{900} \times 3}{1 \times \underset{1}{5}}$

　　$= 540$　　　　　　　　　　　答え 540 円

── 練習 ──

教 p.69

3 ジュースと牛乳があります。ジュースの量は $\frac{6}{5}$ L で、これは牛乳の量の $\frac{4}{3}$ にあたります。牛乳は何 L ありますか。

ねらい 倍を表す数が分数のとき、もとにする大きさを求めます。

考え方 右のページの数直線の図に表したように、牛乳の量を x L として、牛乳の量とジュースの量の関係をかけ算の式で表してみます。

80

問題によっては、図やイラストを省略したり、一部の語句を変えたりしています。

● この本の使い方

　教科書の問題をまず自分で解いてみましょう。そのあとで、自分の答えがあっているか確かめてみましょう。答えがちがっていたり、わからなかったりしたときは、この教科書ガイドに示されている説明をよく読んで、もう一度問題にとり組んでみましょう。

　この教科書ガイドをじょうずに使って、算数を学習することを楽しんでください。

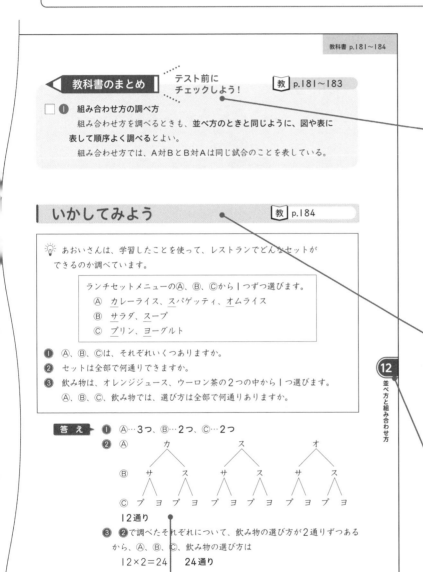

教科書 p.181〜184

◀ 教科書のまとめ　　テスト前にチェックしよう！　　教 p.181〜183

□ ① 組み合わせ方の調べ方
　組み合わせ方を調べるときも、並べ方のときと同じように、図や表に表して順序よく調べるとよい。
　組み合わせ方では、A対BとB対Aは同じ試合のことを表している。

小単元ごとに、教科書の「学習のまとめ」をふり返ることができるようにしています。学習したことを確かめながら、理解できていたら、□にチェックを入れましょう。

いかしてみよう　　教 p.184

💡 あおいさんは、学習したことを使って、レストランでどんなセットができるのか調べています。

　　ランチセットメニューの④、⑧、©から1つずつ選びます。
　　④　カレーライス、スパゲッティ、オムライス
　　⑧　サラダ、スープ
　　©　プリン、ヨーグルト

❶ ④、⑧、©は、それぞれいくつありますか。
❷ セットは全部で何通りできますか。
❸ 飲み物は、オレンジジュース、ウーロン茶の2つの中から1つ選びます。
　④、⑧、©、飲み物では、選び方は全部で何通りありますか。

「今日の問題」や「練習問題」以外の、さまざまなコーナーも解説してあります。

答え ❶ ④…3つ、⑧…2つ、©…2つ
❷
12通り
❸ ❷で調べたそれぞれについて、飲み物の選び方が2通りずつあるから、④、⑧、©、飲み物の選び方は
　　12×2＝24　　**24通り**

教科書の単元・内容を表しています。

201

表や図、数直線などものせています。自分でもかいてみましょう。

ますりん

4ページの二次元コードから、学習に役立つデジタルコンテンツが使えるよ！

学びのとびら

1 うさぎとかめが、下の図のようにそれぞれ円周上の道を歩きます。
2つのコースの長さを比べましょう。

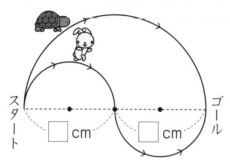

スタート　□ cm　□ cm　ゴール

---

① 上の2つのコースについて、わかっていること、わからないことは、それぞれどんなことですか。

② 自分の考えを、図や式を使ってかきましょう。

③ 下の2人の考えと自分の考えの、似ているところやちがうところを説明しましょう。

あみ

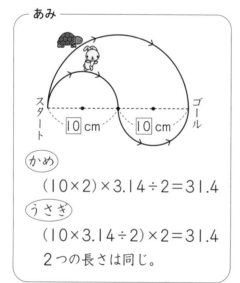

スタート　10 cm　10 cm　ゴール

かめ
$$(10 \times 2) \times 3.14 \div 2 = 31.4$$

うさぎ
$$(10 \times 3.14 \div 2) \times 2 = 31.4$$
2つの長さは同じ。

はると

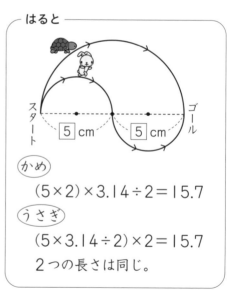

スタート　5 cm　5 cm　ゴール

かめ
$$(5 \times 2) \times 3.14 \div 2 = 15.7$$

うさぎ
$$(5 \times 3.14 \div 2) \times 2 = 15.7$$
2つの長さは同じ。

④ 教科書5ページのりくさんの考えを説明しましょう。

⑤ 2つのコースの長さを比べるとき、大切なのはどのような考えですか。

ねらい ▷ 算数の学習のすすめ方とノートのつくり方を学びます。

考え方 円周＝直径×円周率　で求められます。円周率は3.14として考えます。

2　□に入る数を決めて、かめのコースとうさぎのコースの長さを、それぞれ求めてみます。

答え

1　わかっていること…(例)□は、同じ数が入る(りくの考え)

わからないこと……大きい円の半径の長さ(みさきの考え)

2　省略

3　似ているところは、どちらの場合も、かめのコースとうさぎのコースの長さは同じになる。

ちがうところは、大きい円の半径を

あみさんは10cm

はるとさんは5cm

として計算している。

4　あみさんの考えで、コースの長さを求める式で、2倍して2でわっているので

かめ　　(10×2)×3.14÷2＝10×3.14

うさぎ　(10×3.14÷2)×2＝10×3.14

となります。

どちらも大きい円の半径10cmに3.14をかけているので、長さは同じになります。

はるとさんの考えでも同じことがいえます。

大きい円の半径を□cmとすると

かめ　　(□×2)×3.14÷2＝□×3.14

うさぎ　(□×3.14÷2)×2＝□×3.14

となり、コースの長さは、どちらも大きい円の半径に3.14をかけた長さになるので、長さは同じになります。

5　2つのコースの長さを比べるときに大切なのは、□に数を入れて長さを求めたり、式をよく見て考えたりすることです。

右の図のように、うさぎのコースが大きい円の中心からずれた場合も、2つのコースの長さは同じになるよ。
確かめてみよう。

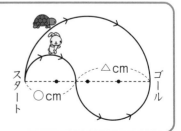

 **対称な図形**

つり合いのとれた図形を調べよう

1 線対称

教 p.9〜10

1 形の特ちょうに注目して、教科書9ページの㋐〜㋗の図形を2つのなかまに分けましょう。

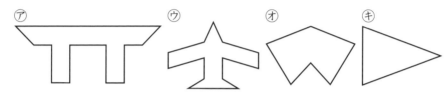

1 上の4つの図形を二つ折りにすると、折り目の両側の部分はどうなりますか。

2 上の㋒、㋔に、対称の軸をかきましょう。

ねらい 二つ折りにしてぴったり重なる図形の特ちょうを調べます。

答え 1 ・㋐、㋒、㋔、㋗

・㋑、㋓、㋕、㋘

1 ぴったり重なる。

2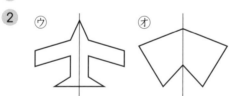

教科書267ページの図形を
切り取って調べてみよう。

2 右の図は、線対称な図形で、直線アイは
対称の軸です。

　図形を折らずに、線対称な図形であること
を説明しましょう。

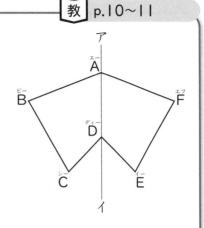

③　図形のどこに注目して調べればよいでしょうか。

④　上の図形で、対応する辺の長さや、対応する角の大きさを調べましょう。

ねらい　　線対称な図形の性質を、辺の長さや角の大きさに注目して調べます。

考え方　　線対称な図形で、二つ折りにしたときに重なり合う辺、角、点を、
それぞれ対応する辺、対応する角、対応する点といいます。
合同のときにも「対応する」ということばを使いました。

④　右の図形で、同じ印をつけた
辺や角が、対応する辺や角です。
それらの辺の長さや角の大きさ
を実際に教科書10ページの下
の図を測って調べてみます。

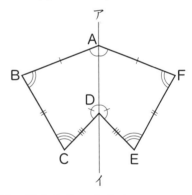

答え

③　二つ折りにしたときに重なり合う辺の長さや角の大きさ。

④　辺ABと辺AF…2.5cm、辺BCと辺FE…2.5cm

　辺DCと辺DE…1.5cm

　　対応する辺の長さは等しい。

　角Bと角F…80°、角Cと角E…75°

　角Aは直線アイで、70°ずつに2等分されている。

　角Dは直線アイで、135°ずつに2等分されている。

　　対応する角の大きさは等しい。

1 対称な図形

3 線対称な図形の性質を、さらにくわしく調べましょう。

① 対応する2つの頂点を結ぶ直線BFは、対称の軸アイと、どのように交わっていますか。

② 直線BGと直線FGの長さを調べましょう。

③ 右の図の辺BC上の好きなところに点M をうち、点Mに対応する点Nを見つけましょう。

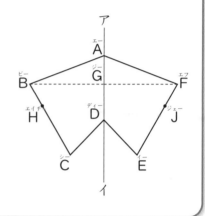

ねらい 線対称な図形で、対応する2つの点を結ぶ直線と、対称の軸との関係を調べます。

考え方 ② 対称の軸アイを折り目として二つ折りにすると、直線BGと直線 FGは、ぴったり重なります。

③ 線対称な図形では、対応する2つの点を結ぶ直線は、対称の軸と 垂直に交わります。辺BC上の点Mから対称の軸アイに垂直な直線 をひき、辺FEと交わった点をNとします。

答え ① 垂直に交わっている。

② 直線BGと直線FGの長さは、等しい。

　　BG＝FG

また、右の図のように、点Hと 点J、点Cと点Eはそれぞれ対応 する点で、

　　HK＝JK、CL＝EL

となっている。

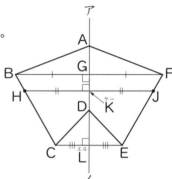

③ （例）

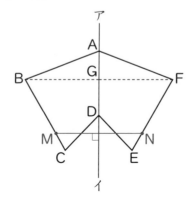

—— 練習 ——

教 p.12

⚠ 右の図は線対称な図形で、直線アイは対称の軸です。

① 直線ADの長さは何cmですか。

② 角Eの大きさは何度ですか。

③ 直線BF、直線DGと等しい長さの直線は、
それぞれどれですか。

④ 対称の軸は、直線アイのほかに何本ありますか。

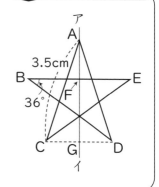

ねらい 線対称な図形の性質を利用して、直線の長さや角の大きさなどを考え
ます。

考え方 線対称な図形では、対応する辺の長さや対応する角の大きさは等しく
なっています。

それぞれについて、対応する辺や対応する角がどこになるかを考え
ます。

答え

① 直線ADに対応する辺は直線ACで、直線ACの長さが3.5cm
だから、直線ADの長さは **3.5cm**

② 角Eに対応する角は角Bで、角Bの大きさが36°だから、角Eの
大きさは **36°**

③ 線対称な図形では、対応する2つの点を結ぶ直線は対称の軸と
垂直に交わり、交わる点から対応する2つの点までの長さは、
等しくなっています。

だから、

直線BFと等しい長さの直線は **直線EF**

直線DGと等しい長さの直線は **直線CG**

④ 右の図のように対称の軸をひくことが
できるから、対称の軸は、直線アイの
ほかに、直線カキ、直線サシ、直線タチ、
直線ナニの **4本** あります。

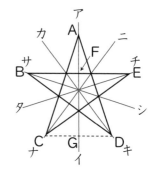

② 右の二等辺三角形は線対称な図形です。

① 二つ折りにしないで、対称の軸を
ひきます。どのようなひき方がありますか。

② 対称の軸と辺BCは、どのように
交わっていますか。

③ 点Dに対応する点Eを見つけましょう。

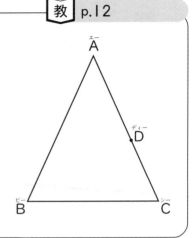

ねらい ▶ 線対称の見方で、二等辺三角形について考えます。

考え方 ▶ ① 二等辺三角形では等しい長さの辺が対応する辺となり、対称の軸
は点Aを通り、辺BCと交わります。対称の軸と辺BCの交わる点
をFとすると、BF＝CFとなることを利用して、ひき方を考えます。

③ 線対称な図形では、対応する2つの点を結ぶ直線は、対称の軸と
垂直に交わります。このことを利用して対応する点を見つけます。

答え ▶ ① (例)辺BC上に、点B、点Cまでの
長さが等しい点(辺BCの真ん中の点)を
見つけ、点Aとその点を結んで対称の
軸とする。

② 点Bに対応する点は点Cだから、
対称の軸と辺BCは、**垂直に交わって
いる。**

③ 点Dから対称の軸と垂直に交わる
直線をひき、辺ABと交わる点が、点D
に対応する点Eです。

右の図

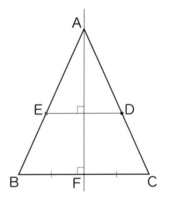

教 p.13

4 線対称な図形をかきましょう。

① 教科書13ページの図で、直線アイが対称の軸になるように、線対称な図形をかきましょう。

ねらい 線対称な図形の性質を使って、線対称な図形のかき方を考えます。

考え方 線対称な図形では、対応する点を結ぶ直線は対称の軸と垂直に交わります。また、この交わる点から対応する2つの点までの長さは等しくなっています。このことを利用して対応する点を見つけます。

答え

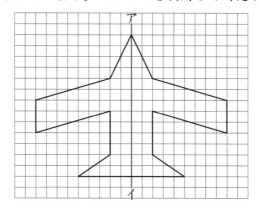

―― 練習 ――

教 p.13

△3 直線アイが対称の軸になるように、線対称な図形をかきましょう。
　また、できた図形の名前は何ですか。

ねらい 線対称な図形の性質を使って、線対称な図形をかきます。

考え方 右の図のように、頂点Bから直線アイに垂直な直線をひき、この直線上にBE＝FEとなる点Fをとります。頂点Cに対応する点も同じように決めます。

答え 右の図、(正)六角形

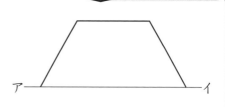

教 p.13

⚠️4 ノートに対称の軸をかいて、いろいろな線対称な図形をかきましょう。

ねらい いろいろな線対称な図形をかきます。

答え 省略

教科書のまとめ テスト前にチェックしよう！

教 p.9〜13

☐ ❶ **線対称な図形と対称の軸**

１本の直線を折り目にして二つ折りにしたとき、両側の部分がぴったり重なる図形を、**線対称**な図形という。

また、この直線を**対称の軸**という。

対称の軸

☐ ❷ **線対称な図形の辺や角の関係**

線対称な図形で、二つ折りにしたときに重なり合う辺、角、点を、それぞれ**対応する辺、対応する角、対応する点**という。

☐ ❸ **線対称な図形の性質**

• 線対称な図形では、**対応する辺の長さや、対応する角の大きさは等しくなっている。**

• 対称の軸で分けた２つの図形は合同になっている。

• 線対称な図形では、対応する２つの点を結ぶ直線は、対称の軸と垂直に交わる。また、この交わる点から対応する２つの点までの長さは、等しくなっている。

BG＝FG　HK＝JK　CL＝EL

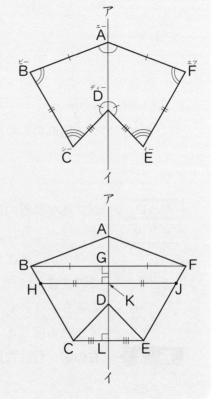

2 点対称

教 p.14

1 下の4つの図形は、どのような図形のなかまといえますか。

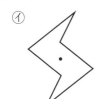
⑦

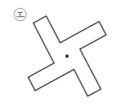
⑤

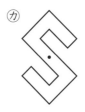
⑰

⑦

① 教科書267ページの⑰を切り取り、それを教科書
14ページの⑰の図形の上に重ねて置き、・の点を中心
にして回転させましょう。

　何度回転させると、もとの図形にぴったり重なりますか。

② ⑦、⑤、⑦を、・の点を中心にして180°回転させてみましょう。

ねらい ▷ 1つの点を中心にして180°回転させたとき、もとの図形にぴったり
重なる図形の特ちょうを調べます。

答え ▷ **1** ・の点を中心に180°回転させたときにもとの図形に重なる図形。

① 180°

② ⑦、⑤、⑦とも、もとの図形にぴったり重なる。

教 p.15〜16

2 右の図は点対称な図形で、点O（オー）は対称の中心です。
　右の図を使って、点対称な図形の性質を
調べましょう。

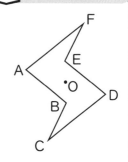

① りくさんはどのように考えたのでしょうか。

　りく…点対称な図形では、対称の中心
　　　　を…。

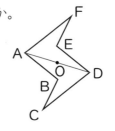
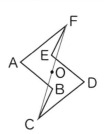

ねらい 点対称な図形の性質を、辺の長さや角の大きさに注目して調べます。

考え方 点対称な図形で、対称の中心のまわりに180°回転したときに
重なり合う辺、角、点を、それぞれ対応する辺、対応する角、
対応する点といいます。

答え 2 こうた…点対称な図形では、対応
する辺の長さは
[等しい]。
対応する角の大きさは
[等しい]。

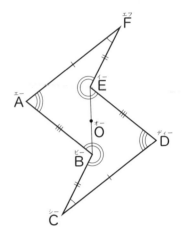

1 りくさんの考え
対称の中心Oを通る直線で図形を
2つに分ける。
分けてできた2つの図形は合同に
なっている。

教 p.17

3 2の図形を使って、点対称な図形の対応する2つの点を結ぶ直線の性質を
調べましょう。

⋯⋯⋯

1 右の図形で、点Jに対応する点Kを見つけましょう。

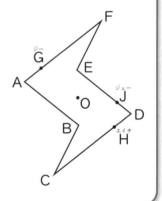

ねらい 点対称な図形で、対応する2つの点を結ぶ直線と対称の中心の関係を
調べます。

答え ① 右の図

　点Jと点Oを結ぶ直線をひき、辺AB
と交わる点が、点Jに対応する点Kに
なります。

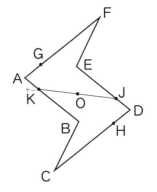

教 p.18

4 点対称な図形をかきましょう。

① 教科書18ページの図で、点Oが対称の中心になるように、点対称な図形を
かきましょう。

ねらい 点対称な図形の性質を使って、点対称な図形のかき方を考えます。

考え方 点対称な図形では、対応する点を結ぶ直線は対称の中心を通ります。
また、対称の中心から対応する2つの点までの長さは等しくなって
います。このことを利用して対応する点を見つけます。

答え

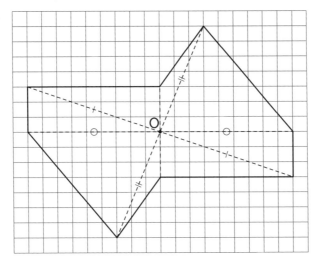

📌 **ますりん通信** **点対称な形かな？**

答え 180°回転させても、もとの形とぴったり重ならないから、点対称な
形ではありません。（120°回転させると、ぴったり重なる。）

◀ **教科書のまとめ** ┃ テスト前に
チェックしよう！ 　教 p.14〜18

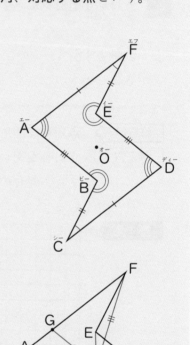

☐ ❶ **点対称な図形と対称の中心**

　　１つの点を中心にして 180° 回転させた

とき、もとの図形にぴったり重なる図形を、

点対称な図形という。

　　また、この点を**対称の中心**という。

対称の中心

☐ ❷ **点対称な図形の辺や角の関係**

　　点対称な図形で、対称の中心のまわりに 180° 回転したときに重なり合う

辺、角、点を、それぞれ**対応する辺**、**対応する角**、**対応する点**という。

☐ ❸ **点対称な図形の性質**

　• 点対称な図形では、**対応する辺の長さ**や、

　　対応する角の大きさは等しくなっている。

　• 対称の中心を通る直線で分けてできた２つ

　　の図形は、**合同**になっている。

　• 点対称な図形では、対応する２つの点を

　　結ぶ直線は、**対称の中心を通る**。

　　また、対称の中心から対応する２つの点

　　までの長さは、**等しく**なっている。

　　　AO＝DO　BO＝EO　CO＝FO
　　　GO＝HO

練習のページ

教 p.19

△1 右の図は点対称な図形です。

① 辺AB、辺EFに対応する辺はそれぞれどれですか。

② 辺EFは何cmですか。

③ 角Cの大きさは何度ですか。

④ 角Dの大きさは何度ですか。

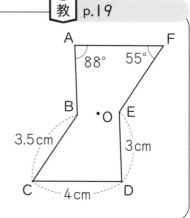

ねらい 点対称な図形の性質を利用して、辺の長さや角の大きさを考えます。

考え方 ②〜④ それぞれ対応する辺や対応する角を考えます。

答え ① 辺AB…辺DE、辺EF…辺BC

② 辺EFに対応する辺は辺BCだから、辺EFの長さは **3.5cm**

③ 角Cに対応する角は角Fだから、角Cの大きさは **55°**

④ 角Dに対応する角は角Aだから、角Dの大きさは **88°**

教 p.19

△2 右の平行四辺形は点対称な図形です。

① 対称の中心Oを見つけましょう。

② 点E、点Fにそれぞれ対応する点G、点Hを見つけましょう。

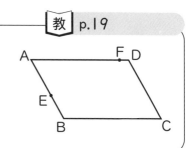

ねらい 点対称な図形としての平行四辺形について調べます。

考え方 ① 対応する点を結ぶ直線は1つの点で交わり、その点が対称の中心になります。

答え ① **右の図**

頂点Aと頂点C、頂点Bと頂点Dが対応する点になるので、それぞれを結び、その交わった点をOとします。

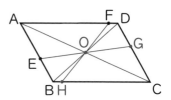

21

② 前のページの右下の図

点Ｅと点Ｏを結ぶ直線と辺ＤＣが交わる点が点Ｅに対応する点Ｇになります。

点Ｆと点Ｏを結ぶ直線と辺ＢＣが交わる点が点Ｆに対応する点Ｈになります。

教 p.19

③ 右の図は、点Ｏが対称の中心になるように、点対称な図形をとちゅうまでかいたものです。

残りの１つの頂点の位置に点をうち、図を完成させましょう。

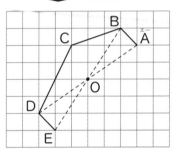

ねらい 点対称な図形の性質を使って、点対称な図形をかきます。

答え

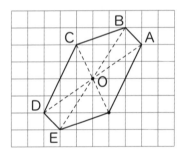

教 p.19

④ 点Ｏが対称の中心になるように、点対称な図形をかきましょう。

ねらい 点対称な図形の性質を使って、点対称な図形をかきます。

考え方 右の図のように、頂点Ａと点Ｏを通る直線をひき、点Ｏからの長さが直線ＯＡの長さと等しくなる点Ｅを決めます。

頂点Ｂ、頂点Ｃ、頂点Ｄに対応する頂点も同じように決めます。

答え 右の図

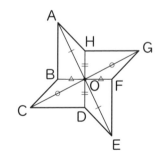

3 多角形と対称

教 p.20〜21

1 これまでに学習した多角形について、線対称な図形か、点対称な図形か調べましょう。

四角形 下の四角形について見なおしましょう。

① 線対称な図形はどれですか。対称の軸をすべてかきましょう。

② 点対称な図形はどれですか。対称の中心をかきましょう。

③ 線対称な図形で、対角線が対称の軸になっているのはどれですか。また、そうでない四角形はどれですか。

平行四辺形

ひし形　　長方形

正方形

	線対称	対称の軸の数	点対称
平行四辺形	×	0	○
ひし形			
長方形			
正方形			

④ 上の図や表を見て、気づいたことをいいましょう。

⑤ 右の台形について、上と同じように調べてみましょう。

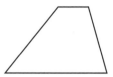 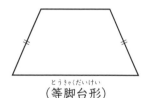

（等脚台形）

三角形 下の三角形についても、四角形のときと同じように考えてみましょう。

直角三角形　　二等辺三角形　　正三角形

正多角形　いろいろな正多角形についても、四角形のときと同じように

考えましょう。

正五角形　　　　　正六角形

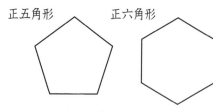

	せんたいしょう 線対称	対称の じく 軸の数	点対称
正三角形	○	3	×
正方形			
正五角形			
正六角形			
正七角形			
正八角形			

正七角形　　　　　正八角形

6　円について、線対称な図形か、点対称な図形か

調べましょう。

ねらい　これまでに学習した図形を、線対称、点対称の見方で見なおします。

考え方　正多角形について、線対称な図形はどれですか。対称の軸をすべてか

きましょう。点対称な図形はどれですか。対称の中心をかきましょう。

上の図や表を見て、気づいたことをいいましょう。

答　え　（四角形）

1　ひし形　　　　長方形　　　　　正方形

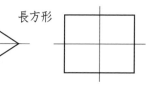

2　2本の対角線が交わった点が、対称の中心になります。

平行四辺形　　　　　　ひし形　　　長方形

正方形

3 表は右のようになります。

	線対称	対称の軸の数	点対称
平行四辺形	×	0	○
ひし形	○	2	○
長方形	○	2	○
正方形	○	4	○

対角線が対称の軸になっている四角形…**ひし形、正方形**

そうでない四角形…**長方形**

4 （例）

- ひし形は、対角線が対称の軸になっている。
- 長方形は、向かい合った辺の真ん中を通る直線が対称の軸になっている。
- 正方形は、対角線と向かい合った辺の真ん中を通る直線が対称の軸になっている。
- どれも点対称な図形になっている。

5 左の台形…**線対称な図形でも、点対称な図形でもない。**

等脚台形（とうきゃくだいけい）…**線対称な図形で、対称の軸は、**

上底と下底の真ん中を通る

直線で、1本ある。

点対称な図形ではない。

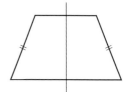

（三角形）

線対称な図形

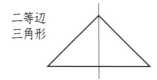

二等辺三角形

正三角形

点対称な図形は**ない。**

（正多角形）

表は右のようになります。

	線対称	対称の軸の数	点対称
正三角形	○	3	×
正方形	○	4	○
正五角形	○	5	×
正六角形	○	6	○
正七角形	○	7	×
正八角形	○	8	○

1 対称な図形

線対称な図形

正三角形 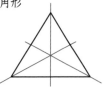　　正方形 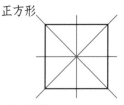　　正五角形

正六角形 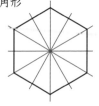　　正七角形 　　正八角形

点対称な図形

2本の対角線が交わった点が、対称の中心になります。

正方形 　　正六角形 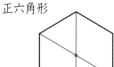　　正八角形

表に整理して、気がついたこと

(例)

- どれも線対称な図形になっている。
- 対称の軸の数が頂点の数(辺の数)と同じになっている。
- 頂点の数(辺の数)が偶数の正多角形は、点対称な図形になっている。

6 線対称な図形であり、点対称な図形でもある。

＊円を線対称な図形としてみると、対称の軸は
直径で、右の図のように何本もあります。
また、対称の中心は、円の中心です。

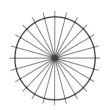

いかしてみよう

教 p.22

💡 身のまわりから、線対称や点対称な形をしたものを見つけよう。

考え方 地図記号と道路標識を例にして、みさきさんの考えをいかします。

答え

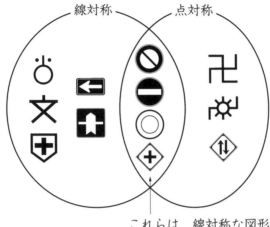

線対称　　　点対称

これらは、線対称な図形
でもあり、点対称な図形
でもある。

たしかめよう

教 p.22

⚠ 二等辺三角形は、線対称な図形です。右の図に、対称
の軸をかきましょう。
　また、点D、点Eにそれぞれ対応する点F、点Gを
見つけましょう。

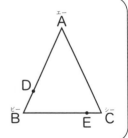

答え

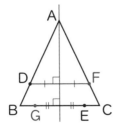

対称の軸は、頂点Aと辺BCの真ん中の点を
結んだ直線になります。

2 下の直線アイが対称の軸(じく)になるように、線対称(せんたいしょう)な図形をかきましょう。
また、点O(オー)が対称の中心になるように、点対称な図形をかきましょう。

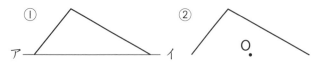

考え方 ① 線対称な図形では、対応する2つの点を結ぶ直線は対称の軸と
垂直(すいちょく)に交わります。また、この交わる点から対応する2つの点
までの長さは等しくなっています。このことを利用して、対応
する点を見つけます。

② 点対称な図形では、対応する2つの点を結ぶ直線は対称の中心
を通ります。また、対称の中心から対応する2つの点までの長さ
は等しくなっています。このことを利用して、対応する点を
見つけます。

答え

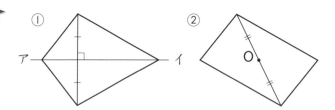

つないでいこう **算数の目** 〜大切な見方・考え方 教 p.23

🔍① 対応する辺や角など、部分に注目し、図形の性質を調べる

① りく…⑦ 対応 する④ 辺 の長さや⑦ 対応 する⑦ 角 の大きさは等しい。

② あみ…合同な図形では、
⑦ 対応 する㉖ 辺 の長さは等しい。
⑦ 対応 する⑦ 角 の大きさは等しい。

文字と式

2 数量やその関係を式に表そう

どんな関係になるのかな？

教 p.24

---

① 令和6年が西暦2024年であるという関係を式で表そう。

② 和暦（令和）と西暦の関係で、いつも一定で変わらない数は何かな。

③ 和暦の年を令和□年、西暦を○年として、関係を式で表そう。

答え ▶ ① 令和6年が西暦2024年であるという関係を表す式は

6＋2018＝2024

② 2018

③ □＋2018＝○

わからない数を□として、数量の関係を式に表すと、□の数が求められるね。

1 下のように、はばが5cmのテープを何cmかの長さで切り取って、長方形を作ります。このときにできる長方形の面積を表す式を書きましょう。

5cm ☐
☐cm

① 切り取った長さが10cm、15cm、20cm、25cm、…のときの、長方形の面積を表す式を、それぞれ書きましょう。

② 下の式で、いつも一定で変わらない数は何ですか。また、いろいろと変わる数は何ですか。

縦の長さ	×	横の長さ	
10cmのとき	5	×	10 (cm²)
15cmのとき	5	×	15 (cm²)
20cmのとき	5	×	20 (cm²)
25cmのとき	5	×	25 (cm²)
⋮		⋮	

③ xに自分で好きな数をあてはめて、長方形の面積を求めましょう。

④ $5×x$の式で、xが7.5のときの、長方形の面積を求めましょう。

ねらい 文字を使って、数量の大きさを式で表す方法を考えます。

答え ① 10cmのとき $5×10$ (cm²)
15cmのとき $5×15$ (cm²)
20cmのとき $5×20$ (cm²)
25cmのとき $5×25$ (cm²)
⋮   ⋮

② いつも一定で変わらない数…**縦の長さ（5）**
いろいろと変わる数…**横の長さ（10、15、20、25、…）**

③ （例）
26cmのとき $5×26=130$ 答え **130cm²**

④ $5×7.5=37.5$ 答え **37.5cm²**

2
文字と式

 教 p.27

 ゆりさんは、プレゼント用のオレンジを買いに行きました。
① 1個180円のオレンジx個を、250円のかごにつめたときの、
代金の合計を式に表しましょう。
② ①で、オレンジを5個、12個買ったときの代金の合計を、
それぞれ求めましょう。

ねらい 文字を使って、数量の大きさを式で表します。
考え方 オレンジ1個の代金×個数＋かごの代金＝代金の合計
答え ① $180 \times x + 250$（円）
② オレンジを5個買ったときの代金の合計
xに5をあてはめて　$180 \times 5 + 250 = 1150$（円）

答え　1150円

オレンジを12個買ったときの代金の合計
xに12をあてはめて　$180 \times 12 + 250 = 2410$（円）

答え　2410円

教 p.27〜28

2 円の直径の長さと、円周の長さの
関係を表す式を書きましょう。

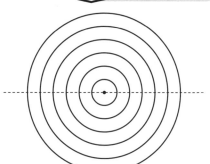

① 円の直径が1cm、2cm、3cm、…
のときの、直径と円周の長さの関係を
表す式を書きましょう。
② $x \times 3.14 = y$の式で、xが10、15、
20のときのyの表す数を、それぞれ求めましょう。
③ xの値が2.5のとき、対応するyの値を求めましょう。
④ yの値が47.1になるときの、xの値を求めましょう。

ねらい 文字を使って、数量の関係を表す方法を考えます。
答え ① 1cmのとき　$1 \times 3.14 = 3.14$（cm）
2cmのとき　$2 \times 3.14 = 6.28$（cm）
3cmのとき　$3 \times 3.14 = 9.42$（cm）

② xが10のとき　$y=10×3.14$
$\qquad\qquad\qquad =31.4$

xが15のとき　$y=15×3.14$
$\qquad\qquad\qquad =47.1$

xが20のとき　$y=20×3.14$
$\qquad\qquad\qquad =62.8$

③ $y=2.5×3.14$
$\qquad =7.85$

④ $x×3.14=47.1$
$\qquad\quad x=47.1÷3.14$
$\qquad\qquad =15$

—— 練習 ——

△2　下の場面で、xとyの関係を式に表しましょう。

① 縦が$x$cm、横が6cmの長方形があります。面積は$y$cm² です。

② 2L のジュースのうち、xL 飲みました。残りはyL です。

③ $x$kgのオレンジを0.6kgの箱に入れます。全体の重さは$y$kgです。

④ xページの本を10日間で読む予定です。1日に平均yページ読むことになります。

ねらい 数量の関係を、x、yを使って式に表します。

考え方 それぞれについて、数量の関係をことばの式で表すと、下のようになります。

① 縦×横＝長方形の面積

② はじめの量－飲んだ量＝残りの量

③ オレンジの重さ＋箱の重さ＝全体の重さ

④ 全体のページ数÷読む日数＝1日に読む平均のページ数

答え ① $x×6=y$

② $2-x=y$

③ $x+0.6=y$

④ $x÷10=y$

2

文字と式

3 下のメニュー表で、カレーライス1皿の値段をx円としたとき、
⑦～⑪の式がどんな注文の代金を表しているか考えましょう。

〈ライスの量〉
・ライス多め　…100円まし
・ライス少なめ…　50円びき
〈追加メニュー〉
・エビフライ(1本) …120円
・からあげ(1個)　… 60円
・サラダ　　　　…130円

　　⑦ $(x-50)+60$　　　　　④ $x×3$
　　⑨ $x×2+120×2$

1　⑦の式の中にある $x-50$ は何を表していますか。

2　⑦～⑪の式で表されるのは、それぞれどんな注文の代金ですか。

3　自分の好きな組み合わせで注文したときの代金を表す式をつくりましょう。
　また、友だちがつくった式を見て、友だちがどんな注文をしたのか
考えましょう。

ねらい 文字を使って表した式が、どんな数量の関係なのかを考えます。

答え
1　$x-50$ は、ライス少なめのカレーライス1皿の代金である。
2　⑦…ライス少なめのカレーライス1皿とからあげ1個の代金
　　④…カレーライス3皿の代金
　　⑨…カレーライス2皿とエビフライ2本の代金
3　省略

教 p.30

4 右の平行四辺形で、辺BC（ビーシー）を底辺としたとき、高さは8cmです。面積は32cm²です。辺BCの長さは何cmですか。

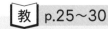

8cm 　32cm²

A　D

B　C

① 辺BCの長さを x（エックス）cmとして、数量の関係をかけ算の式に表しましょう。

② xにあてはまる数を求めましょう。

ねらい わからない数量を文字を使って表して、数量の関係を式に表す方法を考えます。

考え方 。平行四辺形の面積＝底辺×高さ

答え ▶ **4** 4cm

① $x \times 8 = 32$

② $x = 32 \div 8$
　　$= 4$

答え　$x = 4$

教科書のまとめ テスト前にチェックしよう！

教 p.25〜30

□ ① 文字を使って式を表す3つの場面

(1) いろいろと変わる数のかわりに、xなどの文字を使うと、いくつかの式を1つの式にまとめて表すことができる。

(2) xやy（ワイ）などの文字を使うと、数量の関係を1つの式にまとめて表すことができる。

(3) わからない数量を、xなどの文字を使って表せば、数量の関係を式に表すことができる。

たしかめよう

教 p.31

 下の場面を式に表しましょう。

① 1.2Lのお茶をxL飲んだときの残りの量

② xmのテープを5人で等分しました。1人分はymです。

考え方 ① 残りの量＝はじめの量－飲んだ量

答え
① $1.2-x$
② $x÷5=y$

2 数量の関係が次の①～③の式で表される場面を、下の⑦～⑦から選んで、記号で答えましょう。

① $24+x=y$　　② $24-x=y$　　③ $24×x=y$

⑦ 24ページの本があって、xページ読みました。
残りはyページです。

⑦ 1箱24枚入りのクッキーがx箱あります。
クッキーは全部でy枚です。

⑦ 子どもが24人、大人がx人います。全部でy人います。

答え　①…⑦　②…⑦　③…⑦

 右のひし形のまわりの長さは28cmです。

① 1辺の長さを$x$cmとして、数量の関係をかけ算の
式に表しましょう。

② xにあてはまる数を求めましょう。

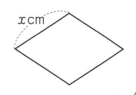
$x$cm

考え方 ① ひし形のまわりの長さ＝1辺の長さ×4

答え
① $x×4=28$
② $x×4=28$
　$x=28÷4$
　　$=7$

答え　$x=7$

 **分数×整数、分数÷整数、分数×分数**

分数をかける計算を考えよう

小数のかけ算をふり返ろう

教 p.32

		かける数		
		整数	小数	分数
かけられる数	整数	○	○	
	小数	○	○	
	分数			

1dL より少ないときも、かけ算で求められたね。

1 分数と整数のかけ算、わり算

教 p.33〜34

1 1dL で、板を $\frac{3}{7}$ m² ぬれるペンキがあります。

このペンキ2dL では、板を何m² ぬれますか。

① どんな式を書けばよいでしょうか。

② 2人の考えを説明しましょう。

③ $\frac{4}{9} \times 2$ の計算のしかたを、はるとさんのしかたで説明しましょう。

ねらい 分数に整数をかける計算のしかたを考えます。

答え **1** $\frac{6}{7}$ m²

① ペンキの量が 1dL から 2 倍の 2dL になっているから、

ぬれる面積も $\frac{3}{7}$ m² の 2 倍になる。

式 $\frac{3}{7} \times 2$

② **あ** **み**…右の図で、しゃ線の $\frac{3}{7}$ m² を移すと全体で $\frac{6}{7}$ m² になる。

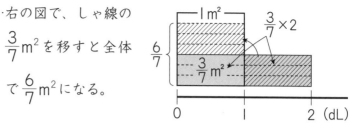

はると…$\frac{3}{7}$ は、$\frac{1}{7}$ の 3 こ分だから、$\frac{3}{7} \times 2$ は、$\frac{1}{7}$ の (3×2) こ分になる。

$$\frac{3}{7} \times 2 = \frac{3 \times 2}{7} = \frac{6}{7}$$

答え $\frac{6}{7}$ m²

③ $\frac{4}{9}$ は、$\frac{1}{9}$ の 4 こ分だから、$\frac{4}{9} \times 2$ は、$\frac{1}{9}$ の (4×2) こ分になる。

$$\frac{4}{9} \times 2 = \frac{4 \times 2}{9} = \frac{8}{9}$$

── 練習 ──

教 p.34

⚠ ① $\frac{2}{7} \times 3$　　② $\frac{3}{13} \times 4$　　③ $\frac{5}{2} \times 3$　　④ $\frac{1}{7} \times 5$

ねらい 分数×整数の計算をします。

考え方 分数に整数をかける計算は、分母はそのままにして、分子にその整数をかけます。

$$\frac{b}{a} \times c = \frac{b \times c}{a}$$

答え

① $\frac{2}{7} \times 3 = \frac{2 \times 3}{7} = \frac{6}{7}$　　　② $\frac{3}{13} \times 4 = \frac{3 \times 4}{13} = \frac{12}{13}$

③ $\frac{5}{2} \times 3 = \frac{5 \times 3}{2} = \frac{15}{2}$ $\left(7\frac{1}{2}\right)$　　④ $\frac{1}{7} \times 5 = \frac{1 \times 5}{7} = \frac{5}{7}$

分母はそのままにして、分子にかける数の整数をかけるんだね。

3

分数×整数、分数÷整数、分数×分数

37

教 p.35

2 1mの重さが $\frac{5}{18}$ kgのホースがあります。

このホース3mの重さは何kgですか。

1 2人の考えを説明しましょう。

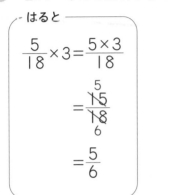

はると

$$\frac{5}{18} \times 3 = \frac{5 \times 3}{18}$$

$$= \frac{\overset{5}{\cancel{15}}}{\underset{6}{\cancel{18}}}$$

$$= \frac{5}{6}$$

みさき

$$\frac{5}{18} \times 3 = \frac{5 \times \overset{1}{\cancel{3}}}{\underset{6}{\cancel{18}}}$$

$$= \frac{5}{6}$$

ねらい 分数に整数をかける計算で、約分できるときの計算のしかたを考えます。

答え **2** 式 $\frac{5}{18} \times 3$ 　　　　　　　　　　答え $\frac{5}{6}$ kg

1 はると…分子に整数をかける計算をしてから、最後に約分しています。

みさき…分子に整数をかける計算のとちゅうで約分して、計算しています。

—— 練習 ——

教 p.35

△2 ① $\frac{2}{9} \times 3$ 　② $\frac{7}{6} \times 3$ 　③ $\frac{1}{8} \times 6$ 　④ $\frac{7}{12} \times 8$

⑤ $\frac{3}{8} \times 18$ 　⑥ $\frac{5}{7} \times 7$ 　⑦ $\frac{6}{5} \times 15$ 　⑧ $\frac{3}{25} \times 100$

ねらい 分数×整数で、約分のある場合の計算をします。

考え方 計算のとちゅうで約分できるときは、約分してから計算すると簡単になります。

答 え

① $\dfrac{2}{9} \times 3 = \dfrac{2 \times \overset{1}{\cancel{3}}}{\underset{3}{\cancel{9}}} = \dfrac{2}{3}$

② $\dfrac{7}{6} \times 3 = \dfrac{7 \times \overset{1}{\cancel{3}}}{\underset{2}{\cancel{6}}} = \dfrac{7}{2}$ $\left(3\dfrac{1}{2}\right)$

③ $\dfrac{1}{8} \times 6 = \dfrac{1 \times \overset{3}{\cancel{6}}}{\underset{4}{\cancel{8}}} = \dfrac{3}{4}$

④ $\dfrac{7}{12} \times 8 = \dfrac{7 \times \overset{2}{\cancel{8}}}{\underset{3}{\cancel{12}}} = \dfrac{14}{3}$ $\left(4\dfrac{2}{3}\right)$

⑤ $\dfrac{3}{8} \times 18 = \dfrac{3 \times \overset{9}{\cancel{18}}}{\underset{4}{\cancel{8}}} = \dfrac{27}{4}$ $\left(6\dfrac{3}{4}\right)$

⑥ $\dfrac{5}{7} \times 7 = \dfrac{5 \times \overset{1}{\cancel{7}}}{\underset{1}{\cancel{7}}} = \dfrac{5}{1} = 5$

⑦ $\dfrac{6}{5} \times 15 = \dfrac{6 \times \overset{3}{\cancel{15}}}{\underset{1}{\cancel{5}}} = \dfrac{18}{1} = 18$

⑧ $\dfrac{3}{25} \times 100 = \dfrac{3 \times \overset{4}{\cancel{100}}}{\underset{1}{\cancel{25}}} = \dfrac{12}{1} = 12$

教 p.35

△3 **2** の問題のホース 6m、9mの重さは、それぞれ何 kg ですか。

ねらい 分数×整数の計算となる場面の問題を考えます。

答 え 6mのホース

$$\dfrac{5}{18} \times 6 = \dfrac{5 \times \overset{1}{\cancel{6}}}{\underset{3}{\cancel{18}}} = \dfrac{5}{3} \quad \left(1\dfrac{2}{3}\right)$$

答え $\dfrac{5}{3}$ kg $\left(1\dfrac{2}{3}\text{kg}\right)$

9mのホース

$$\dfrac{5}{18} \times 9 = \dfrac{5 \times \overset{1}{\cancel{9}}}{\underset{2}{\cancel{18}}} = \dfrac{5}{2} \quad \left(2\dfrac{1}{2}\right)$$

答え $\dfrac{5}{2}$ kg $\left(2\dfrac{1}{2}\text{kg}\right)$

教 p.36

3 2dLで、板を $\dfrac{4}{5}$ m² ぬれるペンキがあります。

このペンキ1dLでは、板を何 m² ぬれますか。

① どんな式を書けばよいでしょうか。

② 2人の考えを説明しましょう。

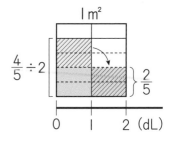

ねらい▷ 分数を整数でわる計算のしかたを考えます。

答え▷ **3** $\frac{2}{5}$m²

① 式 $\frac{4}{5}÷2$

② こうた…右の図で、しゃ線の部分を

移すと、全体の$\frac{2}{5}$m²に

なる。　　　答え $\frac{2}{5}$m²

し　ほ…$\frac{4}{5}$は、$\frac{1}{5}$の4こ分だから、

$\frac{4}{5}÷2$は、$\frac{1}{5}$の$(4÷2)$こ分になる。

$\frac{4}{5}÷2=\frac{4÷2}{5}=\frac{2}{5}$

答え $\frac{2}{5}$m²

---

4 $\frac{4}{5}÷3$の計算のしかたを説明しましょう。

教 p.37

① **3**で学習した$\frac{4}{5}÷2$の計算を、みさきさんの考えで計算してみましょう。

ねらい▷ 分数÷整数で、分子がわる数でわりきれないときの計算のしかたを
考えます。

答え▷ **4** 分子が3でわりきれるように、分子と分母に3をかけて$\frac{4}{5}$と
等しい分数をつくって計算している。

① $\frac{4}{5}÷2=\frac{4×\boxed{2}}{5×\boxed{2}}÷2$

$=\frac{4×2÷2}{5×2}$

$=\frac{4}{5×2}=\frac{2}{5}$

— 練習 —

教 p.37

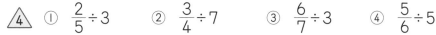

4 ① $\dfrac{2}{5} \div 3$　　② $\dfrac{3}{4} \div 7$　　③ $\dfrac{6}{7} \div 3$　　④ $\dfrac{5}{6} \div 5$

⑤ $\dfrac{8}{9} \div 6$　　⑥ $\dfrac{24}{25} \div 16$　　⑦ $\dfrac{12}{11} \div 8$　　⑧ $\dfrac{25}{3} \div 100$

3

分数 × 整数、分数 ÷ 整数、分数 × 分数

ねらい 分数÷整数の計算をします。

考え方 分数を整数でわる計算は、分子はそのままにして、分母にその整数を
かけます。

$$\dfrac{b}{a} \div c = \dfrac{b}{a \times c}$$

計算のとちゅうで約分できるときは、約分してから計算します。

答え ① $\dfrac{2}{5} \div 3 = \dfrac{2}{5 \times 3} = \dfrac{2}{15}$　　② $\dfrac{3}{4} \div 7 = \dfrac{3}{4 \times 7} = \dfrac{3}{28}$

③ $\dfrac{6}{7} \div 3 = \dfrac{\overset{2}{\cancel{6}}}{7 \times \underset{1}{\cancel{3}}} = \dfrac{2}{7}$　　④ $\dfrac{5}{6} \div 5 = \dfrac{\overset{1}{\cancel{5}}}{6 \times \underset{1}{\cancel{5}}} = \dfrac{1}{6}$

⑤ $\dfrac{8}{9} \div 6 = \dfrac{\overset{4}{\cancel{8}}}{9 \times \underset{3}{\cancel{6}}} = \dfrac{4}{27}$　　⑥ $\dfrac{24}{25} \div 16 = \dfrac{\overset{3}{\cancel{24}}}{25 \times \underset{2}{\cancel{16}}} = \dfrac{3}{50}$

⑦ $\dfrac{12}{11} \div 8 = \dfrac{\overset{3}{\cancel{12}}}{11 \times \underset{2}{\cancel{8}}} = \dfrac{3}{22}$　　⑧ $\dfrac{25}{3} \div 100 = \dfrac{\overset{1}{\cancel{25}}}{3 \times \underset{4}{\cancel{100}}} = \dfrac{1}{12}$

◀ **教科書のまとめ** ▶ ········ テスト前に チェックしよう！

教 p.33〜37

□ ❶ **分数に整数をかける計算**

分数に整数をかける計算は、分母はそのままにして、
分子にその整数をかける。　　　　$\dfrac{b}{a} \times c = \dfrac{b \times c}{a}$

□ ❷ **計算のとちゅうで約分できる場合**

計算のとちゅうで約分できるときは、**約分してから計算する**と簡単になる。

□ ❸ **分数を整数でわる計算**

分数を整数でわる計算は、分子はそのままにして、
分母にその整数をかける。　　　　$\dfrac{b}{a} \div c = \dfrac{b}{a \times c}$

2 練習

教 p.38

⚠ 計算をしましょう。

① $\dfrac{1}{5} \times 2$　　② $\dfrac{3}{7} \times 8$　　③ $\dfrac{5}{4} \times 6$　　④ $\dfrac{7}{8} \times 8$

⑤ $\dfrac{11}{20} \times 15$　　⑥ $\dfrac{17}{7} \times 14$　　⑦ $\dfrac{2}{3} \div 2$　　⑧ $\dfrac{7}{9} \div 9$

⑨ $\dfrac{16}{5} \div 7$　　⑩ $\dfrac{4}{7} \div 8$　　⑪ $\dfrac{100}{11} \div 25$　　⑫ $\dfrac{18}{5} \div 12$

ねらい 分数×整数、分数÷整数の計算をします。

答え

① $\dfrac{1}{5} \times 2 = \dfrac{1 \times 2}{5} = \dfrac{2}{5}$

② $\dfrac{3}{7} \times 8 = \dfrac{3 \times 8}{7} = \dfrac{24}{7} \quad \left(3\dfrac{3}{7} \right)$

③ $\dfrac{5}{4} \times 6 = \dfrac{5 \times \overset{3}{\cancel{6}}}{\underset{2}{\cancel{4}}} = \dfrac{15}{2} \quad \left(7\dfrac{1}{2} \right)$

④ $\dfrac{7}{8} \times 8 = \dfrac{7 \times \overset{1}{\cancel{8}}}{\underset{1}{\cancel{8}}} = \dfrac{7}{1} = 7$

⑤ $\dfrac{11}{20} \times 15 = \dfrac{11 \times \overset{3}{\cancel{15}}}{\underset{4}{\cancel{20}}} = \dfrac{33}{4} \quad \left(8\dfrac{1}{4} \right)$

⑥ $\dfrac{17}{7} \times 14 = \dfrac{17 \times \overset{2}{\cancel{14}}}{\underset{1}{\cancel{7}}} = \dfrac{34}{1} = 34$

⑦ $\dfrac{2}{3} \div 2 = \dfrac{\overset{1}{\cancel{2}}}{3 \times \underset{1}{\cancel{2}}} = \dfrac{1}{3}$

⑧ $\dfrac{7}{9} \div 9 = \dfrac{7}{9 \times 9} = \dfrac{7}{81}$

⑨ $\dfrac{16}{5} \div 7 = \dfrac{16}{5 \times 7} = \dfrac{16}{35}$

⑩ $\dfrac{4}{7} \div 8 = \dfrac{\overset{1}{\cancel{4}}}{7 \times \underset{2}{\cancel{8}}} = \dfrac{1}{14}$

⑪ $\dfrac{100}{11} \div 25 = \dfrac{\overset{4}{\cancel{100}}}{11 \times \underset{1}{\cancel{25}}} = \dfrac{4}{11}$

⑫ $\dfrac{18}{5} \div 12 = \dfrac{\overset{3}{\cancel{18}}}{5 \times \underset{2}{\cancel{12}}} = \dfrac{3}{10}$

教 p.38

 3kgの米をたくのに、$\dfrac{9}{2}$ L の水を使います。

① 1kgの米をたくには、何 L の水が必要ですか。

② 6kgの米をたくには、何 L の水が必要ですか。

ねらい 分数÷整数、分数×整数の計算となる場面の問題を考えます。

答え ① $\dfrac{9}{2} \div 3 = \dfrac{\overset{3}{\cancel{9}}}{2 \times \underset{1}{\cancel{3}}} = \dfrac{3}{2}$ $\left(1\dfrac{1}{2}\right)$ 　　答え $\dfrac{3}{2}$ L $\left(1\dfrac{1}{2}\text{ L}\right)$

② 1kgの米をたくには$\dfrac{3}{2}$ L の水が必要だから、6kgの米では

$\dfrac{3}{2} \times 6 = \dfrac{3 \times \overset{3}{\cancel{6}}}{\underset{1}{\cancel{2}}} = \dfrac{9}{1} = 9$ 　　答え 9 L

教 p.38

 右の㋐、㋑の □ に、それぞれ2〜9の数を入れて、いろいろな式をつくります。

下の問題に答えましょう。

① ㋐の式で、積が整数になる数を全部いいましょう。

② ㋐の式で、積が整数になる数は、どんな数といえますか。

③ ㋑の式で、商が整数になる数はありますか。

 ㋐ $\dfrac{5}{4} \times \square$

 ㋑ $\dfrac{6}{7} \div \square$

ねらい 計算のしかたをもとにして、答えが整数になる場合を考えます。

考え方 ㋐ $\dfrac{5 \times \square}{4}$ 　㋑ $\dfrac{6}{7 \times \square}$ となります。

約分できて分母が1になれば答えが整数になります。□にどんな数を入れたら、約分できて答えが整数になるか考えます。

答え ► ① 4、8

② （分母の）4の倍数

③ ⑦の式で、□に2〜9の数を入れても、6と7×□を約分して商が整数になる数は**ない**。

教 p.38

△4 1dLで、板を$\frac{4}{5}$m²ぬれるペンキがあります。

このペンキxdLでぬれる面積をym²とすると、yはxに比例していますか。

ねらい ► ペンキの量とぬれる面積が比例しているか考えます。

答え ► xが2倍、3倍、…になると、それにともなってyも2倍、3倍、…になるので、**yはxに比例しています。**

使うペンキの量 x(dL)	1	2	3	4	5	6	7	8
ぬれる面積 y(m²)	$\frac{4}{5}$	$\frac{8}{5}$	$\frac{12}{5}$	$\frac{16}{5}$	4	$\frac{24}{5}$	$\frac{28}{5}$	$\frac{32}{5}$

3 分数をかける計算

教 p.39〜42

1 1dLで、板を$\frac{4}{5}$m²ぬれるペンキがあります。

このペンキ$\frac{2}{3}$dLでは、板を何m²ぬれますか。

① その式を書いた理由を説明しましょう。

② 2人の考えの最後の式を見て、気づいたことをいいましょう。

ねらい ► 分数に分数をかける計算のしかたを考えます。

答え | **1** 式 $\dfrac{4}{5} \times \dfrac{2}{3}$ 答え $\dfrac{8}{15}\text{m}^2$

1 り く… 1dLでぬれる面積×使う量(dL)＝ぬれる面積

で求められるから、使うペンキの量が分数のときも整数

のときと同じように考えて、式は $\dfrac{4}{5} \times \dfrac{2}{3}$ となります。

あ み…ぬれる面積は使う量に比例するので、使う量が $\dfrac{2}{3}$ 倍に

なれば、ぬれる面積も $\dfrac{4}{5}\text{m}^2$ の $\dfrac{2}{3}$ 倍になると考えて、

かけ算が使えるから、式は $\dfrac{4}{5} \times \dfrac{2}{3}$ となります。

2 こうた…かける数を整数になおして計算するため、$\dfrac{2}{3}$ を3倍

して $\left(\dfrac{2}{3} \times 3\right)$ とします。

かける数を3倍したから、積を3でわる。

$$\dfrac{4}{5} \times \dfrac{2}{3} = \dfrac{4}{5} \times \left(\dfrac{2}{\underset{1}{\cancel{3}}} \times \overset{1}{\cancel{3}}\right) \div 3$$

$$= \dfrac{4}{5} \times 2 \div 3$$

$$= \dfrac{\boxed{4} \times \boxed{2}}{\boxed{5} \times \boxed{3}}$$

$$= \boxed{\dfrac{8}{15}}$$

し ほ…$\dfrac{1}{3}$dLでぬれる面積 $\left(\dfrac{4}{5} \div 3\right)$ を求めて、それを2倍する。

$$\dfrac{4}{5} \times \dfrac{2}{3} = \left(\dfrac{4}{5} \div 3\right) \times 2$$

$$= \dfrac{4}{5 \times 3} \times 2$$

$$= \dfrac{\boxed{4} \times \boxed{2}}{\boxed{5} \times \boxed{3}}$$

$$= \boxed{\dfrac{8}{15}}$$

2人とも、最後の式は、$\dfrac{4 \times 2}{5 \times 3}$ で、同じ式になっている。

3 分数×整数、分数÷整数、分数×分数

── 練習 ──

教 p.42

 ① $\dfrac{1}{2} \times \dfrac{3}{4}$ ② $\dfrac{3}{5} \times \dfrac{2}{7}$ ③ $\dfrac{5}{6} \times \dfrac{5}{3}$

④ $\dfrac{4}{9} \times \dfrac{2}{3}$ ⑤ $\dfrac{3}{2} \times \dfrac{7}{5}$ ⑥ $\dfrac{9}{7} \times \dfrac{5}{8}$

ねらい 分数×分数の計算をします。

考え方 分数に分数をかける計算は、分母どうし、分子どうしをかけます。

$$\dfrac{b}{a} \times \dfrac{d}{c} = \dfrac{b \times d}{a \times c}$$

答え ① $\dfrac{1}{2} \times \dfrac{3}{4} = \dfrac{1 \times 3}{2 \times 4} = \dfrac{3}{8}$

② $\dfrac{3}{5} \times \dfrac{2}{7} = \dfrac{3 \times 2}{5 \times 7} = \dfrac{6}{35}$

③ $\dfrac{5}{6} \times \dfrac{5}{3} = \dfrac{5 \times 5}{6 \times 3} = \dfrac{25}{18} \quad \left(1\dfrac{7}{18}\right)$

④ $\dfrac{4}{9} \times \dfrac{2}{3} = \dfrac{4 \times 2}{9 \times 3} = \dfrac{8}{27}$

⑤ $\dfrac{3}{2} \times \dfrac{7}{5} = \dfrac{3 \times 7}{2 \times 5} = \dfrac{21}{10} \quad \left(2\dfrac{1}{10}\right)$

⑥ $\dfrac{9}{7} \times \dfrac{5}{8} = \dfrac{9 \times 5}{7 \times 8} = \dfrac{45}{56}$

教 p.42

② 1mの重さが$\dfrac{2}{9}$kgのホースがあります。

このホース$\dfrac{4}{5}$mの重さは何kgですか。

ねらい 分数×分数の計算となる場面の問題を考えます。

考え方 重さや長さが分数で表されていても、整数のときと同じように、「1mの重さ×ホースの長さ(m)＝全体の重さ」の式が使えます。

答え $\dfrac{2}{9} \times \dfrac{4}{5} = \dfrac{2 \times 4}{9 \times 5} = \dfrac{8}{45}$　　　　答え $\dfrac{8}{45}$kg

2 $\dfrac{8}{9}\times\dfrac{3}{10}$ の計算のしかたを説明しましょう。

1 $\dfrac{3}{4}\times\dfrac{5}{9}\times\dfrac{2}{5}$ の計算のしかたを説明しましょう。

ねらい 約分のある計算や、3つの分数のかけ算の計算のしかたを考えます。

答え 2

あみ

$$\dfrac{8}{9}\times\dfrac{3}{10}=\dfrac{8\times3}{9\times10}$$

$$=\dfrac{\boxed{4}\ \overset{4}{\cancel{24}}}{\underset{45}{\cancel{90}}}$$

$$=\boxed{\dfrac{4}{15}}\ \underset{15}{}$$

りく

$$\dfrac{8}{9}\times\dfrac{3}{10}=\dfrac{\overset{4}{\cancel{8}}\times\overset{1}{\cancel{3}}}{\underset{3}{\cancel{9}}\times\underset{5}{\cancel{10}}}$$

$$=\boxed{\dfrac{4}{15}}$$

あ　み…分母どうし、分子どうしをかけて、最後に約分している。

り　く…計算のとちゅうで約分している。

1

こうた

$$\dfrac{3}{4}\times\dfrac{5}{9}\times\dfrac{2}{5}=\dfrac{\overset{1}{\cancel{3}}\times5}{4\times\underset{3}{\cancel{9}}}\times\dfrac{2}{5}$$

$$=\dfrac{5}{12}\times\dfrac{2}{5}$$

$$=\dfrac{\overset{1}{\cancel{5}}\times\overset{1}{\cancel{2}}}{\underset{6}{\cancel{12}}\times\underset{1}{\cancel{5}}}$$

$$=\boxed{\dfrac{1}{6}}$$

しほ

$$\dfrac{3}{4}\times\dfrac{5}{9}\times\dfrac{2}{5}=\dfrac{\overset{1}{\cancel{3}}\times\overset{1}{\cancel{5}}\times\overset{1}{\cancel{2}}}{\underset{2}{\cancel{4}}\times\underset{3}{\cancel{9}}\times\underset{1}{\cancel{5}}}$$

$$=\boxed{\dfrac{1}{6}}$$

こうた…まず、2つの分数のかけ算をして、次に、その積と残り
　　　　の分数とのかけ算をしている。

し　ほ…3つの分数の分母どうし、分子どうしをまとめてかけて
　　　　いる。

3
分数×整数、分数÷整数、分数×分数

—— 練習 ——

教 p.43

3 ① $\dfrac{4}{9} \times \dfrac{1}{12}$　② $\dfrac{6}{7} \times \dfrac{1}{4}$　③ $\dfrac{3}{2} \times \dfrac{4}{9}$　④ $\dfrac{3}{100} \times \dfrac{25}{9}$

⑤ $\dfrac{8}{5} \times \dfrac{5}{2}$　⑥ $\dfrac{3}{7} \times \dfrac{7}{3}$　⑦ $\dfrac{4}{5} \times \dfrac{5}{6} \times \dfrac{2}{3}$

ねらい 約分のある分数のかけ算や、3つの分数のかけ算を計算します。

考え方 分母どうし、分子どうしをそれぞれかけます。計算のとちゅうで約分できるときは、約分してから計算すると簡単です。

答え

① $\dfrac{4}{9} \times \dfrac{1}{12} = \dfrac{\overset{1}{4} \times 1}{9 \times \underset{3}{12}} = \dfrac{1}{27}$

② $\dfrac{6}{7} \times \dfrac{1}{4} = \dfrac{\overset{3}{6} \times 1}{7 \times \underset{2}{4}} = \dfrac{3}{14}$

③ $\dfrac{3}{2} \times \dfrac{4}{9} = \dfrac{\overset{1}{3} \times \overset{2}{4}}{\underset{1}{2} \times \underset{3}{9}} = \dfrac{2}{3}$

④ $\dfrac{3}{100} \times \dfrac{25}{9} = \dfrac{\overset{1}{3} \times \overset{1}{25}}{\underset{4}{100} \times \underset{3}{9}} = \dfrac{1}{12}$

⑤ $\dfrac{8}{5} \times \dfrac{5}{2} = \dfrac{\overset{4}{8} \times \overset{1}{5}}{\underset{1}{5} \times \underset{1}{2}} = 4$

⑥ $\dfrac{3}{7} \times \dfrac{7}{3} = \dfrac{\overset{1}{3} \times \overset{1}{7}}{\underset{1}{7} \times \underset{1}{3}} = 1$

⑦ $\dfrac{4}{5} \times \dfrac{5}{6} \times \dfrac{2}{3} = \dfrac{\overset{2}{4} \times \overset{1}{5} \times 2}{\underset{1}{5} \times \underset{3}{6} \times 3} = \dfrac{4}{9}$

教 p.43

3 下の計算のしかたを考えて、続きを説明しましょう。

① $3 \times \dfrac{2}{7} = \dfrac{3}{\square} \times \dfrac{2}{7}$

$= \cdots$

② $1\dfrac{2}{3} \times \dfrac{3}{10} = \dfrac{\square}{3} \times \dfrac{3}{10}$

$= \cdots$

ねらい 整数×分数の計算や、帯分数をふくむ分数のかけ算の計算を考えます。

答え ① 整数を、分母が1の分数と
考える。

$3 = \dfrac{3}{1}$ だから

$3 \times \dfrac{2}{7} = \dfrac{3}{\boxed{1}} \times \dfrac{2}{7}$

$= \dfrac{3 \times 2}{1 \times 7}$

$= \dfrac{6}{7}$

② 帯分数を仮分数で表す。

$1\dfrac{2}{3} = \dfrac{5}{3}$ だから

$1\dfrac{2}{3} \times \dfrac{3}{10} = \dfrac{\boxed{5}}{3} \times \dfrac{3}{10}$

$= \dfrac{\overset{1}{\cancel{5}} \times \overset{1}{\cancel{3}}}{\underset{1}{\cancel{3}} \times \underset{2}{\cancel{10}}}$

$= \dfrac{1}{2}$

教 p.44

4 1mの値段が120円のロープがあります。

このロープ $1\dfrac{1}{3}$ m、$\dfrac{2}{3}$ mの代金は、それぞれ何円ですか。

1 式を書いて、答えも求めましょう。

2 ㋐の答えが120円より高い理由、㋑の答えが120円より安い理由を、
それぞれ数直線の図を使って説明しましょう。

ねらい かける数の大きさと積の大きさの関係を調べます。

答え **4** $1\dfrac{1}{3}$ m…160円、$\dfrac{2}{3}$ m…80円

1 ㋐ $1\dfrac{1}{3}$ mの代金… $120 \times 1\dfrac{1}{3} = \dfrac{120}{1} \times \dfrac{4}{3}$

$= \dfrac{\overset{40}{\cancel{120}} \times 4}{1 \times \underset{1}{\cancel{3}}}$

$= 160$

答え $\boxed{160}$ 円

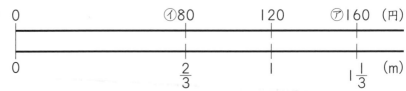

① $\frac{2}{3}$ m の代金… $120 \times \frac{2}{3} = \frac{\overset{40}{\cancel{120}} \times 2}{1 \times \cancel{3}}$

$= 80$　　　　答え　80 円

②

0　　　　　　　　④80　　　120　　　⑦160 （円）

0　　　　　　　　$\frac{2}{3}$　　　1　　　$1\frac{1}{3}$ （m）

⑦の答え… $1\frac{1}{3}$ は1より大きいから、120円より高い

④の答え… $\frac{2}{3}$ は1より小さいから、120円より安い

── 練習 ──

教 p.44

④ □ にあてはまる不等号を書きましょう。

① $5 \times 1\frac{3}{5}$ □ 5　　② $\frac{3}{4} \times \frac{2}{3}$ □ $\frac{3}{4}$　　③ $\frac{1}{2} \times \frac{7}{5}$ □ $\frac{1}{2}$

ねらい かける数の大きさと積の大きさの関係を利用して、大小関係を考えます。

考え方 1より小さい数をかけると、積はかけられる数より小さくなります。

答え ① $5 \times 1\frac{3}{5}$ ⊳ 5　　② $\frac{3}{4} \times \frac{2}{3}$ ⊲ $\frac{3}{4}$　　③ $\frac{1}{2} \times \frac{7}{5}$ ⊳ $\frac{1}{2}$

教 p.45

5 下の、⑦の長方形の面積、④の直方体の体積をそれぞれ求めましょう。

⑦ 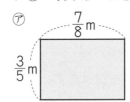　　④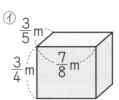

1 ⑦の長方形には、$\frac{1}{5 \times 8}$ m² の長方形が何こありますか。

2 $\frac{3}{5} \times \frac{7}{8}$ の計算で、⑦の長方形の面積が求められるか確かめましょう。

3 ④の直方体の体積を求めましょう。

ねらい 辺の長さが分数で表されているときも、面積や体積の公式が使えるか
どうか考えます。

答え 5 ㋐ $\dfrac{21}{40}$ m² ㋑ $\dfrac{63}{160}$ m³

1 $\dfrac{1}{5\times 8}$ m² が $\boxed{21}$ こで $\boxed{\dfrac{21}{40}}$ m²

2 $\dfrac{3}{5}\times\dfrac{7}{8}=\dfrac{3\times 7}{5\times 8}=\dfrac{21}{40}$ となり、1 で求めた面積と同じになる。

だから、辺の長さが分数で表されているときも、公式を使って求め
られることが確かめられました。

3 ㋑の直方体には、$\dfrac{1}{5\times 8\times 4}$ m³ の直方体が

$(3\times 7\times 3)$ こあると考えると、

直方体の体積は

$$\dfrac{1}{5\times 8\times 4}\times 3\times 7\times 3=\dfrac{3\times 7\times 3}{5\times 8\times 4}=\dfrac{63}{160}\ (\text{m}^3)$$

となります。

また、公式にあてはめると

$$\dfrac{3}{5}\times\dfrac{7}{8}\times\dfrac{3}{4}=\dfrac{3\times 7\times 3}{5\times 8\times 4}=\dfrac{63}{160}\ (\text{m}^3)$$

となります。 答え $\dfrac{63}{160}$ m³

このように、体積も、辺の長さが分数で表されていても、整数や
小数のときと同じように、公式を使ってかけ算で求められます。

㋑ $\dfrac{3}{5}$ m $\dfrac{7}{8}$ m $\dfrac{3}{4}$ m

───── 練習 ─────

教 p.45

 5 ① 1辺が $\dfrac{10}{3}$ cm の正方形の面積を求めましょう。

② 縦 $\dfrac{3}{4}$ m、横 $\dfrac{4}{5}$ m、高さ $\dfrac{5}{3}$ m の直方体の体積を求めましょう。

ねらい 辺の長さが分数で表された図形や立体の面積や体積を、公式を利用
して求めます。

考え方 辺の長さが分数で表されていても、整数や小数のときと同じように、
公式を使ってかけ算で求められます。

① 正方形の面積＝1辺×1辺 ② 直方体の体積＝縦×横×高さ

3

分数×整数、分数÷整数、分数×分数

答え ① $\dfrac{10}{3} \times \dfrac{10}{3} = \dfrac{10 \times 10}{3 \times 3} = \dfrac{100}{9}$ $\left(11\dfrac{1}{9}\right)$

答え $\dfrac{100}{9}$ cm² $\left(11\dfrac{1}{9}\text{cm}^2\right)$

② $\dfrac{3}{4} \times \dfrac{4}{5} \times \dfrac{5}{3} = \dfrac{\overset{1}{\cancel{3}} \times \overset{1}{\cancel{4}} \times \overset{1}{\cancel{5}}}{\underset{1}{\cancel{4}} \times \underset{1}{\cancel{5}} \times \underset{1}{\cancel{3}}} = 1$

答え 1 m³

p.46

6 下のような計算のきまりについて考えましょう。

㋐ $a \times b = b \times a$

㋑ $(a \times b) \times c = a \times (b \times c)$

㋒ $(a + b) \times c = a \times c + b \times c$

㋓ $(a - b) \times c = a \times c - b \times c$

1 ㋐〜㋓の a、b、c に、自分で分数を決めてあてはめて、㋐〜㋓のきまりが成り立つかどうか調べましょう。

2 $\dfrac{2}{3} \times \dfrac{1}{4} + \dfrac{2}{3} \times \dfrac{3}{4}$ の計算のしかたを考え、2人の考えの続きを説明しましょう。

ねらい 整数や小数のときに成り立った計算のきまりが、分数のときも成り立つかどうか調べます。

答え 1 (例) a に $\dfrac{1}{2}$、b に $\dfrac{1}{4}$、c に $\dfrac{1}{5}$ をあてはめて調べる。

㋐ $\dfrac{1}{2} \times \dfrac{1}{4} = \dfrac{1 \times 1}{2 \times 4} = \dfrac{1}{8}$ $\dfrac{1}{4} \times \dfrac{1}{2} = \dfrac{1 \times 1}{4 \times 2} = \dfrac{1}{8}$

このことから、$\dfrac{1}{2} \times \dfrac{1}{4} = \dfrac{1}{4} \times \dfrac{1}{2}$

㋑ $\left(\dfrac{1}{2} \times \dfrac{1}{4}\right) \times \dfrac{1}{5} = \dfrac{1 \times 1}{2 \times 4} \times \dfrac{1}{5} = \dfrac{1}{8} \times \dfrac{1}{5} = \dfrac{1 \times 1}{8 \times 5} = \dfrac{1}{40}$

$\dfrac{1}{2} \times \left(\dfrac{1}{4} \times \dfrac{1}{5}\right) = \dfrac{1}{2} \times \dfrac{1 \times 1}{4 \times 5} = \dfrac{1}{2} \times \dfrac{1}{20} = \dfrac{1 \times 1}{2 \times 20} = \dfrac{1}{40}$

このことから、$\left(\dfrac{1}{2} \times \dfrac{1}{4}\right) \times \dfrac{1}{5} = \dfrac{1}{2} \times \left(\dfrac{1}{4} \times \dfrac{1}{5}\right)$

㋒ $\left(\dfrac{1}{2} + \dfrac{1}{4}\right) \times \dfrac{1}{5} = \left(\dfrac{2}{4} + \dfrac{1}{4}\right) \times \dfrac{1}{5} = \dfrac{3}{4} \times \dfrac{1}{5} = \dfrac{3 \times 1}{4 \times 5} = \dfrac{3}{20}$

$\dfrac{1}{2} \times \dfrac{1}{5} + \dfrac{1}{4} \times \dfrac{1}{5} = \dfrac{1 \times 1}{2 \times 5} + \dfrac{1 \times 1}{4 \times 5} = \dfrac{1}{10} + \dfrac{1}{20}$

$= \dfrac{2}{20} + \dfrac{1}{20} = \dfrac{3}{20}$

このことから、$\left(\dfrac{1}{2}+\dfrac{1}{4}\right)\times\dfrac{1}{5}=\dfrac{1}{2}\times\dfrac{1}{5}+\dfrac{1}{4}\times\dfrac{1}{5}$

㋓ $\left(\dfrac{1}{2}-\dfrac{1}{4}\right)\times\dfrac{1}{5}=\left(\dfrac{2}{4}-\dfrac{1}{4}\right)\times\dfrac{1}{5}=\dfrac{1}{4}\times\dfrac{1}{5}=\dfrac{1\times1}{4\times5}=\dfrac{1}{20}$

$\dfrac{1}{2}\times\dfrac{1}{5}-\dfrac{1}{4}\times\dfrac{1}{5}=\dfrac{1\times1}{2\times5}-\dfrac{1\times1}{4\times5}=\dfrac{1}{10}-\dfrac{1}{20}$

$=\dfrac{2}{20}-\dfrac{1}{20}=\dfrac{1}{20}$

このことから、$\left(\dfrac{1}{2}-\dfrac{1}{4}\right)\times\dfrac{1}{5}=\dfrac{1}{2}\times\dfrac{1}{5}-\dfrac{1}{4}\times\dfrac{1}{5}$

2 **はると**…式のとおり、かけ算を先に計算して、そのあとたし算をしている。

$\dfrac{2}{3}\times\dfrac{1}{4}+\dfrac{2}{3}\times\dfrac{3}{4}=\dfrac{\cancel{2}\times1}{3\times\cancel{4}}+\dfrac{\cancel{2}\times\cancel{3}}{\cancel{3}\times\cancel{4}}$

$=\dfrac{1}{6}+\dfrac{1}{2}$

$=\dfrac{1}{6}+\dfrac{3}{6}$

$=\dfrac{\cancel{4}}{\cancel{6}}$

$=\dfrac{2}{3}$

みさき…計算のきまりの㋒の式の等号の左側と右側を入れかえて

$a\times c+b\times c=(a+b)\times c$

この式に㋐の式を使うと

$c\times a+c\times b=c\times(a+b)$

となる。このきまりに

cに$\dfrac{2}{3}$、aに$\dfrac{1}{4}$、bに$\dfrac{3}{4}$

をあてはめて計算している。

$\dfrac{2}{3}\times\dfrac{1}{4}+\dfrac{2}{3}\times\dfrac{3}{4}=\dfrac{2}{3}\times\left(\boxed{\dfrac{1}{4}}+\boxed{\dfrac{3}{4}}\right)$

$=\dfrac{2}{3}\times1$

$=\dfrac{2}{3}$

3 分数×整数、分数÷整数、分数×分数

── 練習 ──

6　計算のきまりを使って、くふうして計算しましょう。

① $\left(\dfrac{7}{8}\times\dfrac{5}{6}\right)\times\dfrac{6}{5}$　② $\left(\dfrac{2}{3}+\dfrac{1}{4}\right)\times12$　③ $\dfrac{3}{4}\times5+\dfrac{3}{4}\times7$

ねらい　計算のきまりを使って、くふうして計算します。

考え方　まず、計算のきまりのうち、どれが使えるかを考えます。

答え　① 計算のきまり④を使って

$$\left(\dfrac{7}{8}\times\dfrac{5}{6}\right)\times\dfrac{6}{5}=\dfrac{7}{8}\times\left(\dfrac{5}{6}\times\dfrac{6}{5}\right)=\dfrac{7}{8}\times\dfrac{\overset{1}{5}\times\overset{1}{6}}{\underset{1}{6}\times\underset{1}{5}}=\dfrac{7}{8}$$

② 計算のきまり⑦を使って

$$\left(\dfrac{2}{3}+\dfrac{1}{4}\right)\times12=\dfrac{2}{3}\times12+\dfrac{1}{4}\times12=\dfrac{2\times\overset{4}{\cancel{12}}}{\underset{1}{3}\times1}+\dfrac{1\times\overset{3}{\cancel{12}}}{\underset{1}{4}\times1}$$
$$=8+3=11$$

③ 計算のきまり⑦の式の等号の左側と右側を入れかえた式に、計算のきまり⑦を使って

$$\dfrac{3}{4}\times5+\dfrac{3}{4}\times7=\dfrac{3}{4}\times(5+7)=\dfrac{3}{4}\times12=\dfrac{3\times\overset{3}{\cancel{12}}}{\underset{1}{4}\times1}=9$$

7　$\dfrac{3}{4}$ と $\dfrac{4}{3}$ のように、積が1になる2つの数の組み合わせを

　　下の ▢ の中から見つけて、右のような式を書きましょう。

$\boxed{\dfrac{3}{4}\times\dfrac{4}{3}=1}$

$$\dfrac{5}{6}\qquad\dfrac{2}{9}\qquad\dfrac{6}{5}\qquad\dfrac{1}{4}\qquad\dfrac{7}{8}\qquad\dfrac{9}{8}\qquad\dfrac{8}{7}\qquad\dfrac{9}{2}\qquad4$$

① 7の逆数を分数で表しましょう。

ねらい　積が1になる2つの数の関係を調べます。

あみ…4は $\dfrac{4}{\boxed{1}}$ と考えれば、$\dfrac{1}{4}\times4=\dfrac{1}{\underset{1}{\cancel{4}}}\times\dfrac{\overset{1}{\cancel{4}}}{1}=1$

答　え ▶ **7** $\dfrac{5}{6}\times\dfrac{6}{5}=1$　　$\dfrac{2}{9}\times\dfrac{9}{2}=1$　　$\dfrac{7}{8}\times\dfrac{8}{7}=1$　　$\dfrac{1}{4}\times4=1$

1　7を$\dfrac{7}{1}$と考えて、分子と分母を入れかえると$\dfrac{1}{7}$になるから、

　　　7の逆数は　　$\dfrac{1}{7}$

3

分数×整数、分数÷整数、分数×分数

── 練習 ──────────

 p.47

7　下の数の逆数を求めましょう。

　① $\dfrac{5}{7}$　　② $\dfrac{1}{3}$　　③ $\dfrac{13}{9}$　　④ 6　　⑤ 0.3　　⑥ 2.7

ねらい ▶ 分数や整数、小数の逆数を求めます。

考え方 ▷ ④は分母が1の分数とし、⑤、⑥は分母が10の分数とします。

答　え ▶ ① $\dfrac{7}{5}$　　② $\dfrac{3}{1}=3$　　③ $\dfrac{9}{13}$

　　　④ $6=\dfrac{6}{1}$だから、6の逆数は　$\dfrac{1}{6}$

　　　⑤ $0.3=\dfrac{\boxed{3}}{10}$だから、0.3の逆数は　$\dfrac{10}{3}$

　　　⑥ $2.7=\dfrac{27}{10}$だから、2.7の逆数は　$\dfrac{10}{27}$

教科書のまとめ テスト前に チェックしよう！

☐ ❶ **ぬれる面積の求め方**

ぬれる面積を求めるときには、使う量が分数で表されていても、

整数や小数のときと同じように、かけ算の式をたてることができる。

☐ ❷ **分数どうしをかける計算**

分数に分数をかける計算は、分母どうし、分子どうし $\dfrac{b}{a} \times \dfrac{d}{c} = \dfrac{b \times d}{a \times c}$

をかける。

計算のとちゅうで約分できるときは、**約分してから計算する**と簡単である。

３つの分数のかけ算でも、**分母どうし、分子どうしをまとめてかけて計算**

できる。

整数は、**分母が１の分数と考えて計算する**とよい。

帯分数のかけ算では、**帯分数を、仮分数で表して計算する**とよい。

☐ ❸ **かける数の大きさと積の大きさの関係**

分数をかけるかけ算でも、**１より小さい数をかけると**、

「積 < かけられる数」となる。

☐ ❹ **辺の長さが分数のときの面積と体積**

面積や体積は、辺の長さが分数で表されていても、**整数や小数のときと**

同じように、公式を使ってかけ算で求められる。

☐ ❺ **計算のきまり**

分数のときも、下の計算のきまりは成り立つ。

　㋐　$a \times b = b \times a$

　㋑　$(a \times b) \times c = a \times (b \times c)$

　㋒　$(a + b) \times c = a \times c + b \times c$

　㋓　$(a - b) \times c = a \times c - b \times c$

☐ ❻ **逆数**

$\dfrac{5}{6}$ と $\dfrac{6}{5}$、$\dfrac{1}{4}$ と４のように、２つの数の積が１になるとき、一方の数を

もう一方の**逆数**という。

真分数や仮分数の逆数は、分子と分母を入れかえた　　　　　$\dfrac{b}{a}$ ⟶ $\dfrac{a}{b}$

分数になる。

たしかめよう 教 p.48

3
分数 × 整数、分数 ÷ 整数、分数 × 分数

 1 dL で、板を $\frac{3}{5}$ m² ぬれるペンキがあります。

① このペンキ3dL では、板を何m² ぬれますか。

② このペンキ $\frac{2}{5}$ dL では、板を何m² ぬれますか。

答 え ① $\frac{3}{5} \times 3 = \frac{3 \times 3}{5} = \frac{9}{5}$ $\left(1\frac{4}{5}\right)$ 　　答え $\frac{9}{5}$ m² $\left(1\frac{4}{5} \text{m}^2\right)$

② $\frac{3}{5} \times \frac{2}{5} = \frac{3 \times 2}{5 \times 5} = \frac{6}{25}$ 　　　　　　　　答え $\frac{6}{25}$ m²

 2 積が3より小さくなるのはどれですか。計算をしないで答えましょう。

㋐ $3 \times \frac{2}{7}$ 　　　㋑ $3 \times 1\frac{1}{2}$ 　　　㋒ $3 \times \frac{5}{4}$ 　　　㋓ $3 \times \frac{14}{15}$

考え方 。1より小さい数をかけると、積はかけられる数より小さくなります。

答 え かける数が1より小さいから 　　㋐、㋓

3 計算をしましょう。

① $\frac{5}{6} \times 8$ 　　　　② $\frac{3}{7} \div 6$ 　　　　③ $\frac{3}{7} \times \frac{1}{5}$

④ $\frac{9}{8} \times \frac{1}{4}$ 　　　⑤ $\frac{3}{8} \times \frac{7}{12}$ 　　⑥ $\frac{7}{24} \times \frac{15}{14}$

⑦ $\frac{4}{9} \times \frac{9}{4}$ 　　　⑧ $\frac{3}{4} \times \frac{7}{6} \times \frac{2}{3}$ 　　⑨ $3 \times \frac{5}{6}$

⑩ $\left(\frac{5}{6} + \frac{3}{4}\right) \times 12$ 　　⑪ $\left(\frac{3}{16} \times \frac{7}{12}\right) \times \frac{12}{7}$

考え方 。⑩は、$(a+b) \times c = a \times c + b \times c$ を、⑪は、$(a \times b) \times c = a \times (b \times c)$ の計算のきまりを使います。

答 え ① $\frac{5}{6} \times 8 = \frac{5 \times \overset{4}{\cancel{8}}}{\underset{3}{\cancel{6}}} = \frac{20}{3}$ $\left(6\frac{2}{3}\right)$ 　② $\frac{3}{7} \div 6 = \frac{\overset{1}{\cancel{3}}}{7 \times \underset{2}{\cancel{6}}} = \frac{1}{14}$

③ $\dfrac{3}{7} \times \dfrac{1}{5} = \dfrac{3 \times 1}{7 \times 5} = \dfrac{3}{35}$ ④ $\dfrac{9}{8} \times \dfrac{1}{4} = \dfrac{9 \times 1}{8 \times 4} = \dfrac{9}{32}$

⑤ $\dfrac{3}{8} \times \dfrac{7}{12} = \dfrac{3 \times 7}{8 \times 12} = \dfrac{7}{32}$ ⑥ $\dfrac{7}{24} \times \dfrac{15}{14} = \dfrac{7 \times 15}{24 \times 14} = \dfrac{5}{16}$

⑦ $\dfrac{4}{9} \times \dfrac{9}{4} = \dfrac{4 \times 9}{9 \times 4} = 1$ ⑧ $\dfrac{3}{4} \times \dfrac{7}{6} \times \dfrac{2}{3} = \dfrac{3 \times 7 \times 2}{4 \times 6 \times 3} = \dfrac{7}{12}$

⑨ $3 \times \dfrac{5}{6} = \dfrac{3 \times 5}{1 \times 6} = \dfrac{5}{2} \quad \left(2\dfrac{1}{2}\right)$

⑩ $\left(\dfrac{5}{6} + \dfrac{3}{4}\right) \times 12 = \dfrac{5}{6} \times 12 + \dfrac{3}{4} \times 12 = \dfrac{5 \times 12}{6 \times 1} + \dfrac{3 \times 12}{4 \times 1}$
$= 10 + 9 = 19$

⑪ $\left(\dfrac{3}{16} \times \dfrac{7}{12}\right) \times \dfrac{12}{7} = \dfrac{3}{16} \times \left(\dfrac{7}{12} \times \dfrac{12}{7}\right) = \dfrac{3}{16} \times \dfrac{7 \times 12}{12 \times 7}$
$= \dfrac{3}{16} \times 1 = \dfrac{3}{16}$

4 下の数の逆数を求めましょう。

① $\dfrac{2}{7}$ ② $\dfrac{5}{8}$ ③ 8 ④ 0.9 ⑤ 0.07 ⑥ 1.3

考え方 ③ 整数は、分母が1の分数で表して考えます。
④〜⑥ 小数は、分母が10や100の分数で表して考えます。

答え ① $\dfrac{7}{2}$ ② $\dfrac{8}{5}$

③ $8 = \dfrac{8}{1}$ だから、8の逆数は $\dfrac{1}{8}$

④ $0.9 = \dfrac{9}{10}$ だから、0.9の逆数は $\dfrac{10}{9}$

⑤ $0.07 = \dfrac{7}{100}$ だから、0.07の逆数は $\dfrac{100}{7}$

⑥ $1.3 = \dfrac{13}{10}$ だから、1.3の逆数は $\dfrac{10}{13}$

⑤ 東京都の羽田空港から沖縄県の那覇空港まで、飛行機が時速600kmで飛び、2時間40分かかりました。

① 2時間40分は、何時間ですか。分数で表しましょう。

② 羽田空港から那覇空港までの空路は何kmですか。

考え方 ① 1時間は60分だから、40分は$\frac{40}{60}=\frac{2}{3}$(時間)。

② 道のり＝速さ×時間　で求めることができます。

答え ① $2\frac{2}{3}$時間　$\left(\frac{8}{3}$時間$\right)$

② $600\times2\frac{2}{3}=600\times\frac{8}{3}=\frac{\overset{200}{600}\times8}{\underset{1}{3}}=1600$

答え　1600km

つないでいこう 算数の目 ～大切な見方・考え方　教 p.49

① かけ算の性質を生かし、計算のしかたがわかるかけ算に結びつけて考える

❶ はると…かけ算では、かける数を a 倍すると、積も a 倍になることを使います。

まず、かける数を7倍して$\frac{2}{7}$を整数になおし、7でわります。

$$\frac{6}{5}\times\frac{2}{7}=\frac{6}{5}\times\left(\frac{2}{\cancel{7}}\times\cancel{7}\right)\div\boxed{7}$$

$$=\frac{6}{5}\times2\div\boxed{7}$$

$$=\frac{6\times2}{5\times7}$$

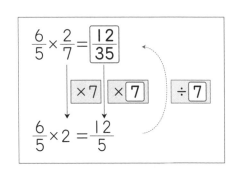

❷ まず、かける数を10倍して80×23の計算をして、求めた積を10でわります。

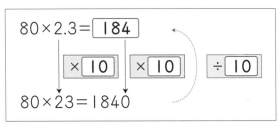

分数÷分数

4 分数でわる計算を考えよう

小数や分数のわり算をふり返ろう　教 p.50

		わる数		
		整数	小数	分数
わ	整数	○	○	
られる数	小数	○	○	
	分数	○		

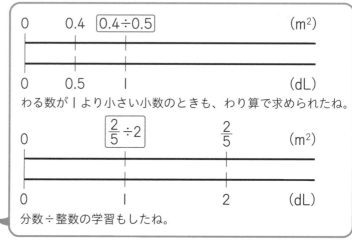

わる数が1より小さい小数のときも、わり算で求められたね。

分数÷整数の学習もしたね。

教 p.51～54

1 $\frac{3}{4}$dL のペンキで、板を $\frac{2}{5}$m² ぬれました。

このペンキ1dL では、板を何m² ぬれますか。

① その式を書いた理由を説明しましょう。

② 2人の考えの最後の式を見て、気づいたことをいいましょう。

ねらい 分数でわる計算のしかたを考えます。

答え **1** 式 $\frac{2}{5} \div \frac{3}{4}$　　　　　　　　答え $\frac{8}{15}$m²

① りく…　ぬった面積÷使った量(dL)＝1dLでぬれる面積

で求められるから、使ったペンキの量が分数のときも整数

のときと同じように考えて、式は $\frac{2}{5} \div \frac{3}{4}$ となります。

しほ…1 dL でぬれる面積を $x\,\text{m}^2$ とします。ぬれる面積は使った

量に比例するので、使った量が $\dfrac{3}{4}$ 倍になると、ぬれる面積

も $\dfrac{3}{4}$ 倍になると考えて、x を使ったかけ算の式に表すと、

$x \times \dfrac{3}{4} = \dfrac{2}{5}$ となります。

x を求めるので、x を求める式は、$\dfrac{2}{5} \div \dfrac{3}{4}$ となります。

2 りく…$\dfrac{3}{4}$ を整数になおして計算する。$\dfrac{3}{4}$ を整数になおすために、

わられる数とわる数に 4 をかける。

$$\frac{2}{5} \div \frac{3}{4} = \left(\frac{2}{5} \times 4\right) \div \left(\frac{3}{\cancel{4}} \times \cancel{4}\right)$$

$$= \left(\frac{2}{5} \times 4\right) \div 3$$

$$= \frac{2 \times 4}{5} \div 3$$

$$= \frac{\boxed{2} \times \boxed{4}}{\boxed{5} \times \boxed{3}}$$

$$= \boxed{\frac{8}{15}}$$

あみ…わる数を 1 にすれば簡単に計算できる。

$\dfrac{3}{4}$ の逆数の $\dfrac{4}{3}$ をわられる数とわる数にかける。

$$\frac{2}{5} \div \frac{3}{4} = \left(\frac{2}{5} \times \frac{4}{3}\right) \div \left(\frac{\cancel{3}}{\cancel{4}} \times \frac{\cancel{4}}{\cancel{3}}\right)$$

$$= \left(\frac{2}{5} \times \frac{4}{3}\right) \div 1$$

$$= \frac{2}{5} \times \frac{4}{3}$$

$$= \frac{\boxed{2} \times \boxed{4}}{\boxed{5} \times \boxed{3}}$$

$$= \boxed{\frac{8}{15}}$$

2 人とも、最後の式は、$\dfrac{2 \times 4}{5 \times 3}$ で、同じ式になっている。

―― 練習 ――

 ① $\dfrac{3}{8} \div \dfrac{2}{7}$　　② $\dfrac{8}{9} \div \dfrac{3}{4}$　　③ $\dfrac{3}{5} \div \dfrac{5}{4}$

④ $\dfrac{1}{7} \div \dfrac{2}{5}$　　⑤ $\dfrac{4}{9} \div \dfrac{3}{2}$　　⑥ $\dfrac{3}{2} \div \dfrac{1}{3}$

ねらい 分数でわる計算をします。

考え方 分数でわる計算は、わる数の逆数をかけます。

答え

① $\dfrac{3}{8} \div \dfrac{2}{7} = \dfrac{3}{8} \times \dfrac{7}{2} = \dfrac{3 \times 7}{8 \times 2} = \dfrac{21}{16} \quad \left(1\dfrac{5}{16}\right)$

② $\dfrac{8}{9} \div \dfrac{3}{4} = \dfrac{8}{9} \times \dfrac{4}{3} = \dfrac{8 \times 4}{9 \times 3} = \dfrac{32}{27} \quad \left(1\dfrac{5}{27}\right)$

③ $\dfrac{3}{5} \div \dfrac{5}{4} = \dfrac{3}{5} \times \dfrac{4}{5} = \dfrac{3 \times 4}{5 \times 5} = \dfrac{12}{25}$

④ $\dfrac{1}{7} \div \dfrac{2}{5} = \dfrac{1}{7} \times \dfrac{5}{2} = \dfrac{1 \times 5}{7 \times 2} = \dfrac{5}{14}$

⑤ $\dfrac{4}{9} \div \dfrac{3}{2} = \dfrac{4}{9} \times \dfrac{2}{3} = \dfrac{4 \times 2}{9 \times 3} = \dfrac{8}{27}$

⑥ $\dfrac{3}{2} \div \dfrac{1}{3} = \dfrac{3}{2} \times \dfrac{3}{1} = \dfrac{3 \times 3}{2 \times 1} = \dfrac{9}{2} \quad \left(4\dfrac{1}{2}\right)$

 $\dfrac{9}{8}$ m の重さが $\dfrac{2}{7}$ kg のホースがあります。

このホース1mの重さは何kgですか。

ねらい 分数でわる計算の場面となる問題を考えます。

考え方 長さや重さが分数で表されていても、ホース1mの重さは

ホースの重さ÷ホースの長さ(m)＝ホース1mの重さ

で求めることができます。

答え $\dfrac{2}{7} \div \dfrac{9}{8} = \dfrac{2}{7} \times \dfrac{8}{9} = \dfrac{2 \times 8}{7 \times 9} = \dfrac{16}{63}$

答え $\dfrac{16}{63}$ kg

2 下の計算のしかたを考えて、続きを説明しましょう。

① $\dfrac{9}{14} \div \dfrac{3}{4}$　　　② $\dfrac{3}{4} \div \dfrac{6}{5} \times \dfrac{1}{5}$

4

分数 ÷ 分数

ねらい 約分のある計算や、分数のかけ算とわり算のまじった式の計算の
しかたを考えます。

答え ① $\dfrac{9}{14} \div \dfrac{3}{4} = \dfrac{\overset{3}{\cancel{9}} \times \overset{2}{\cancel{4}}}{\underset{7}{\cancel{14}} \times \underset{1}{\cancel{3}}}$

$= \dfrac{6}{7}$

計算のとちゅうで約分して計算しています。

② $\dfrac{3}{4} \div \dfrac{6}{5} \times \dfrac{1}{5} = \dfrac{3}{4} \times \boxed{\dfrac{5}{6}} \times \dfrac{1}{5}$

$= \dfrac{3 \times \overset{1}{\cancel{5}} \times 1}{4 \times \underset{2}{\cancel{6}} \times \underset{1}{\cancel{5}}}$

$= \dfrac{1}{8}$

分数のかけ算とわり算のまじった式は、わる数を逆数に変えて、
かけ算だけの式になおして計算しています。

── 練習 ──

 ① $\dfrac{6}{7} \div \dfrac{3}{5}$　　② $\dfrac{9}{10} \div \dfrac{4}{5}$　　③ $\dfrac{12}{5} \div \dfrac{8}{15}$　　④ $\dfrac{7}{6} \div \dfrac{21}{8}$

⑤ $\dfrac{3}{8} \div \dfrac{9}{14}$　　⑥ $\dfrac{2}{15} \div \dfrac{6}{5}$　　⑦ $\dfrac{9}{100} \div \dfrac{3}{25}$　　⑧ $\dfrac{7}{2} \div \dfrac{7}{4}$

⑨ $\dfrac{2}{3} \times \dfrac{1}{8} \div \dfrac{7}{9}$　　⑩ $\dfrac{16}{7} \div \dfrac{9}{2} \times \dfrac{3}{8}$　　⑪ $\dfrac{2}{9} \div \dfrac{4}{7} \div \dfrac{5}{6}$

ねらい 約分のある分数のわり算や、分数のかけ算とわり算のまじった式の計算をします。

考え方 計算のとちゅうで約分するほうが、計算が簡単になります。

⑨～⑪ わる数を逆数に変えて、かけ算だけの式になおしてから計算します。

答え

① $\dfrac{6}{7} \div \dfrac{3}{5} = \dfrac{\overset{2}{\cancel{6}} \times 5}{7 \times \underset{1}{\cancel{3}}} = \dfrac{10}{7} \quad \left(1\dfrac{3}{7}\right)$

② $\dfrac{9}{10} \div \dfrac{4}{5} = \dfrac{9 \times \overset{1}{\cancel{5}}}{\underset{2}{\cancel{10}} \times 4} = \dfrac{9}{8} \quad \left(1\dfrac{1}{8}\right)$

③ $\dfrac{12}{5} \div \dfrac{8}{15} = \dfrac{\overset{3}{\cancel{12}} \times \overset{3}{\cancel{15}}}{\underset{1}{\cancel{5}} \times \underset{2}{\cancel{8}}} = \dfrac{9}{2} \quad \left(4\dfrac{1}{2}\right)$

④ $\dfrac{7}{6} \div \dfrac{21}{8} = \dfrac{\overset{1}{\cancel{7}} \times \overset{4}{\cancel{8}}}{\underset{3}{\cancel{6}} \times \underset{3}{\cancel{21}}} = \dfrac{4}{9}$

⑤ $\dfrac{3}{8} \div \dfrac{9}{14} = \dfrac{\overset{1}{\cancel{3}} \times \overset{7}{\cancel{14}}}{\underset{4}{\cancel{8}} \times \underset{3}{\cancel{9}}} = \dfrac{7}{12}$

⑥ $\dfrac{2}{15} \div \dfrac{6}{5} = \dfrac{\overset{1}{\cancel{2}} \times \overset{1}{\cancel{5}}}{\underset{3}{\cancel{15}} \times \underset{3}{\cancel{6}}} = \dfrac{1}{9}$

⑦ $\dfrac{9}{100} \div \dfrac{3}{25} = \dfrac{\overset{3}{\cancel{9}} \times \overset{1}{\cancel{25}}}{\underset{4}{\cancel{100}} \times \underset{1}{\cancel{3}}} = \dfrac{3}{4}$

⑧ $\dfrac{7}{2} \div \dfrac{7}{4} = \dfrac{\overset{1}{\cancel{7}} \times \overset{2}{\cancel{4}}}{\underset{1}{\cancel{2}} \times \underset{1}{\cancel{7}}} = 2$

⑨ $\dfrac{2}{3} \times \dfrac{1}{8} \div \dfrac{7}{9} = \dfrac{2}{3} \times \dfrac{1}{8} \times \dfrac{9}{7} = \dfrac{\overset{1}{\cancel{2}} \times 1 \times \overset{3}{\cancel{9}}}{\underset{1}{\cancel{3}} \times \underset{4}{\cancel{8}} \times 7} = \dfrac{3}{28}$

⑩ $\dfrac{16}{7} \div \dfrac{9}{2} \times \dfrac{3}{8} = \dfrac{16}{7} \times \dfrac{2}{9} \times \dfrac{3}{8} = \dfrac{\overset{2}{\cancel{16}} \times 2 \times \overset{1}{\cancel{3}}}{7 \times \underset{3}{\cancel{9}} \times \underset{1}{\cancel{8}}} = \dfrac{4}{21}$

⑪ $\dfrac{2}{9} \div \dfrac{4}{7} \div \dfrac{5}{6} = \dfrac{2}{9} \times \dfrac{7}{4} \times \dfrac{6}{5} = \dfrac{\overset{1}{\cancel{2}} \times 7 \times \overset{\overset{1}{\cancel{2}}}{\cancel{6}}}{\underset{3}{\cancel{9}} \times \underset{\underset{1}{\cancel{2}}}{\cancel{4}} \times 5} = \dfrac{7}{15}$

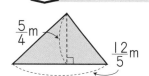

④ 右の三角形の面積を求めましょう。

$\frac{5}{4}$m $\frac{12}{5}$m

ねらい 辺の長さが分数で表されている三角形の面積を求めます。

考え方 三角形の辺の長さが分数で表されていても、面積は公式を使って求めることができます。

答え 三角形の面積＝底辺×高さ÷2 で求められるから

$$\frac{12}{5}\times\frac{5}{4}\div2=\frac{12}{5}\times\frac{5}{4}\times\frac{1}{2}=\frac{\overset{3}{\cancel{12}}\times\overset{1}{\cancel{5}}\times1}{\underset{1}{\cancel{5}}\times\underset{1}{\cancel{4}}\times2}=\frac{3}{2}\left(1\frac{1}{2}\right)$$

答え $\frac{3}{2}$m² $\left(1\frac{1}{2}\text{m}^2\right)$

③ 下の計算のしかたを考えて、続きを説明しましょう。

① $4\div\frac{9}{2}=\frac{4}{\boxed{}}\times\frac{2}{9}$

　　$=\cdots$

② $\frac{2}{3}\div3\frac{1}{5}=\frac{2}{3}\div\frac{\boxed{}}{5}$

　　$=\cdots$

ねらい 整数÷分数の計算や、帯分数をふくむ分数のわり算の計算のしかたを考えます。

答え ① 整数を、分母が1の分数と考えて、分数÷分数の計算をします。

$4=\frac{4}{1}$だから

$$4\div\frac{9}{2}=\frac{4}{\boxed{1}}\times\frac{2}{9}$$

$$=\frac{8}{9}$$

② 帯分数を仮分数で表して計算します。

$$3\frac{1}{5}=\frac{16}{5}\text{だから}$$

$$\frac{2}{3}\div 3\frac{1}{5}=\frac{2}{3}\div\boxed{\frac{16}{5}}$$

$$=\frac{\overset{1}{\cancel{2}}\times 5}{3\times\underset{8}{\cancel{16}}}$$

$$=\frac{5}{24}$$

教 p.57

4 $1\frac{1}{3}$mの重さが12gの細い針金と、$\frac{2}{3}$mの重さが12gの太い針金が

あります。1mの重さは、それぞれ何gですか。

1 式を書いて、答えも求めましょう。

2 太い針金の答えが12gより重い理由を、数直線の図を使って説明しましょう。

ねらい わる数の大きさと商の大きさの関係を考えます。

答え **4** 細い針金…9g、太い針金…18g

1 細い針金 式 $x=12\div 1\frac{1}{3}=12\div\frac{4}{3}=\frac{\overset{3}{\cancel{12}}\times 3}{1\times\underset{1}{\cancel{4}}}=9$

答え $\boxed{9}$g

太い針金 式 $y=12\div\frac{2}{3}=12\times\frac{3}{2}=\frac{\overset{6}{\cancel{12}}\times 3}{1\times\underset{1}{\cancel{2}}}=18$

答え $\boxed{18}$g

2

太い針金

上の数直線より、太い針金の1mの重さは、12gより重い
ことがわかる。

─── 練習 ───

5 □ にあてはまる不等号を書きましょう。

① $4 \div \frac{3}{7}$ □ 4　② $\frac{2}{5} \div \frac{5}{4}$ □ $\frac{2}{5}$　③ $6 \div 1\frac{2}{7}$ □ 6

4
分数÷分数

ねらい　わる数の大きさと商の大きさの関係を利用して、大小関係を考えます。

考え方　分数でわるわり算でも

　　　　|より小さい数でわると　商＞わられる数
　　　　|より大きい数でわると　商＜わられる数

となります。

わる数が|より小さいか、大きいかに着目して考えます。

答え　① $4 \div \frac{3}{7}$ ＞ 4　② $\frac{2}{5} \div \frac{5}{4}$ ＜ $\frac{2}{5}$　③ $6 \div 1\frac{2}{7}$ ＜ 6

5 $\frac{7}{4}$mの重さが$\frac{2}{5}$kgのホースがあります。

この場面を使って、みさきさんとりくさんが問題をつくりました。
2人の問題は、それぞれどんな式になりますか。

① 2人の問題の式を書きましょう。

みさきさんの問題

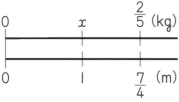

りくさんの問題

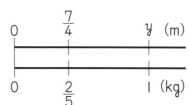

② それぞれの問題の答えを求めましょう。

ねらい　どんなわり算になるかを数直線の図を使って考えます。

考え方　①　　ホース|mの重さx＝ホースの重さ÷ホースの長さ(m)
　　　　　ホース|kgの長さy＝ホースの長さ÷ホースの重さ(kg)
　　で、それぞれ求めることができます。

答え

① みさき…$x = \dfrac{2}{5} \div \dfrac{7}{4}$

り　く…$y = \dfrac{7}{4} \div \dfrac{2}{5}$

② みさきの問題の答え

$$\dfrac{2}{5} \div \dfrac{7}{4} = \dfrac{2 \times 4}{5 \times 7} = \dfrac{8}{35}$$

答え　$\dfrac{8}{35}$kg

りくの問題の答え

$$\dfrac{7}{4} \div \dfrac{2}{5} = \dfrac{7 \times 5}{4 \times 2} = \dfrac{35}{8} \quad \left(4\dfrac{3}{8}\right) \qquad 答え \quad \dfrac{35}{8}\text{m} \quad \left(4\dfrac{3}{8}\text{m}\right)$$

し　ほ…りくさんの問題では、答えは$\dfrac{7}{4}$mより長くなります。

教 p.59〜61

6 $0.3 \div \dfrac{3}{2} \times 3$の計算のしかたを考えましょう。

① 教科書59ページの復習の問題と、どのようなところがちがいますか。

② 自分の考えを、式を使って書きましょう。

③ 2人の考えの中で、自分の考えと似ているものはありますか。
似ているところを説明しましょう。

④ 2人の考えの中で、自分の考えとはちがう考えを読み取って、
説明しましょう。

⑤ 0.6と$\dfrac{3}{5}$が等しいことを確かめましょう。

⑥ こうたさんは、右のように考えたのです
が、答えが合わずに困っています。
この考えを生かして、正しい答えを求める
ために、どこをなおせばよいでしょうか。

$$0.3 \div \dfrac{3}{2} \times 3 = \dfrac{3}{10} \div \dfrac{3}{2} \times 3$$
$$= \dfrac{3}{10} \div \dfrac{9}{2}$$
$$= \dfrac{\overset{1}{\cancel{3}} \times \overset{1}{\cancel{2}}}{\underset{5}{\cancel{10}} \times \underset{3}{\cancel{9}}}$$
$$= \dfrac{1}{15}$$

⑦ $0.2 \div \dfrac{2}{3} \times 3$の計算のしかたを
考えましょう。

⑧ 小数、分数、整数のまじったかけ算やわり算を計算するとき、大切なのは
どのような考えですか。

ねらい 小数、分数、整数のまじったかけ算やわり算のしかたを考えます。

答え ① 小数、分数、整数がまじったかけ算やわり算の問題です。

② （自分の考えは省略）

りく…$\frac{3}{2}$を小数で表すと

$$\frac{3}{2}=3\div 2$$

$$=\boxed{1.5}$$

だから

$$0.3\div 1.5\times 3$$

みさき…0.3 を分数で表すと

$$0.3=\frac{3}{\boxed{10}}$$

だから

$$\frac{3}{10}\div\frac{3}{2}\times 3$$

③ **り　く**…$\frac{3}{2}$を小数で表して、数を小数にそろえて計算している。

みさき…0.3 を分数で表して、数を分数にそろえて計算している。

似ているところは、数を小数にそろえるか、分数にそろえるか
して計算していることです。

④ 省略

⑤ $0.6=\dfrac{\overset{3}{\cancel{6}}}{\underset{5}{\cancel{10}}}=\dfrac{3}{5}$ $\left(\text{または、}\dfrac{3}{5}=3\div 5=0.6\right)$

だから、0.6 と $\frac{3}{5}$ は等しい。

⑥ かけ算とわり算のまじった式の計算は、左から順に計算しなけ

ればならないのに、$\frac{3}{2}\times 3$ を先に計算しているのがよくない。

$$0.3\div\frac{3}{2}\times 3=\frac{3}{10}\div\frac{3}{2}\times 3$$

└─これを先に計算して、$\frac{9}{2}$ としているところ。

⑦ $\frac{2}{3}=0.666\cdots$ となって、小数では正しく表せないので、分数に

そろえて左から順に計算する。

⑧ 小数や整数を分数で表すといつでも計算できる。

--- 練習 ---

 p.61

⑥ 小数や整数を分数で表して計算しましょう。

① $2\times\dfrac{3}{7}\div 0.9$　　② $\dfrac{9}{10}\div 8\div 2.7$

③ $0.21\times 7\div 4.2$　　④ $4.2\div 3\div 0.35$

4

分数÷分数

ねらい 小数、分数、整数のまじったかけ算やわり算を、分数にそろえて計算します。

答え

① $2 \times \dfrac{3}{7} \div 0.9 = \dfrac{2}{1} \times \dfrac{3}{7} \div \dfrac{9}{10}$

$$= \dfrac{2}{1} \times \dfrac{3}{7} \times \dfrac{10}{9}$$

$$= \dfrac{2 \times 3 \times \overset{1}{10}}{1 \times 7 \times \underset{3}{9}}$$

$$= \dfrac{20}{21}$$

② $\dfrac{9}{10} \div 8 \div 2.7 = \dfrac{9}{10} \div \dfrac{8}{1} \div \dfrac{27}{10}$

$$= \dfrac{9}{10} \times \dfrac{1}{8} \times \dfrac{10}{27}$$

$$= \dfrac{\overset{1}{9} \times 1 \times \overset{1}{10}}{\underset{1}{10} \times 8 \times \underset{3}{27}}$$

$$= \dfrac{1}{24}$$

③ $0.21 \times 7 \div 4.2 = \dfrac{21}{100} \times \dfrac{7}{1} \div \dfrac{42}{10}$

$$= \dfrac{21}{100} \times \dfrac{7}{1} \times \dfrac{10}{42}$$

$$= \dfrac{\overset{1}{21} \times 7 \times \overset{1}{10}}{\underset{10}{100} \times 1 \times \underset{2}{42}}$$

$$= \dfrac{7}{20}$$

④ $4.2 \div 3 \div 0.35 = \dfrac{42}{10} \div \dfrac{3}{1} \div \dfrac{35}{100}$

$$= \dfrac{42}{10} \times \dfrac{1}{3} \times \dfrac{100}{35}$$

$$= \dfrac{\overset{2}{\underset{}{\overset{14}{42}}} \times 1 \times \overset{2}{\overset{10}{100}}}{\underset{1}{10} \times \underset{1}{3} \times \underset{5}{35}}$$

$$= 4$$

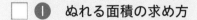 **教科書のまとめ** テスト前に チェックしよう！ 　教 p.51〜61

□ ❶ **ぬれる面積の求め方**

　　1dL でぬれる面積（1にあたる大きさ）を求めるには、使ったペンキの量が分数で表されていても、**整数や小数のときと同じように、わり算の式をたてることができる。**

□ ❷ **分数を分数でわる計算**

　　分数でわる計算は、**わる数の逆数をかける。**

　　かけ算のときと同じように、計算のとちゅうで約分できるときは、**約分してから計算する**と簡単である。

$$\frac{b}{a} \div \frac{d}{c} = \frac{b}{a} \times \frac{c}{d}$$

$$= \frac{b \times c}{a \times d}$$

　　分数のかけ算とわり算がまじった式は、**わる数を逆数に変えると、かけ算だけの式になおせる。**

　　帯分数のわり算でも、**帯分数を、仮分数で表して計算するとよい。**

□ ❸ **わる数の大きさと商の大きさの関係**

　　分数でわるわり算でも、1より小さい数でわると、「**商＞わられる数**」となる。

□ ❹ **小数、分数、整数のまじった計算**

　　小数、分数、整数のまじったかけ算やわり算は、**小数や整数を分数で表す**といつでも計算できる。

たしかめよう
　　　　　　　　　　　　　　　　　　　　　　教 p.64

⚠ 商が3より大きくなるのはどれですか。計算をしないで答えましょう。

　㋐　$3 \div \dfrac{2}{7}$ 　　　　㋑　$3 \div 1\dfrac{1}{2}$ 　　　　㋒　$3 \div \dfrac{5}{4}$ 　　　　㋓　$3 \div \dfrac{14}{15}$

考え方 1より小さい数でわると、商はわられる数より大きくなります。

答え わる数が1より小さいから　　㋐、㋓

2 米 $\frac{3}{5}$ L の重さをはかったら、$\frac{1}{2}$ kg でした。

① この米 1 L の重さは何 kg ですか。

② この米 1 kg のかさは何 L ですか。

考え方 ① 米 1 L の重さ＝米の重さ÷米のかさ(L)

答え ① $\frac{1}{2}÷\frac{3}{5}=\frac{1}{2}×\frac{5}{3}=\frac{5}{6}$ 答え $\frac{5}{6}$ kg

② $\frac{3}{5}÷\frac{1}{2}=\frac{3}{5}×\frac{2}{1}=\frac{6}{5}\left(1\frac{1}{5}\right)$ 答え $\frac{6}{5}$ L $\left(1\frac{1}{5}$ L$\right)$

3 計算をしましょう。

① $\frac{2}{9}÷\frac{3}{8}$ ② $\frac{6}{5}÷\frac{7}{12}$ ③ $\frac{2}{7}÷\frac{4}{9}$ ④ $\frac{3}{4}÷\frac{9}{8}$

⑤ $14÷\frac{2}{15}$ ⑥ $12÷\frac{7}{8}$ ⑦ $\frac{3}{5}÷\frac{3}{4}×\frac{5}{4}$ ⑧ $\frac{7}{3}×\frac{1}{2}÷14$

⑨ $0.3÷\frac{9}{10}×3.6$ ⑩ $0.9÷8×4÷2.1$

考え方 ⑤、⑥、⑧ 整数を分母が1の分数で表して計算します。

⑨、⑩ 小数や整数を分数で表して計算します。

答え
① $\frac{2}{9}÷\frac{3}{8}=\frac{2}{9}×\frac{8}{3}=\frac{2×8}{9×3}=\frac{16}{27}$

② $\frac{6}{5}÷\frac{7}{12}=\frac{6}{5}×\frac{12}{7}=\frac{6×12}{5×7}=\frac{72}{35}\left(2\frac{2}{35}\right)$

③ $\frac{2}{7}÷\frac{4}{9}=\frac{2}{7}×\frac{9}{4}=\frac{\overset{1}{2}×9}{7×\underset{2}{4}}=\frac{9}{14}$

④ $\frac{3}{4}÷\frac{9}{8}=\frac{3}{4}×\frac{8}{9}=\frac{\overset{1}{3}×\overset{2}{8}}{\underset{1}{4}×\underset{3}{9}}=\frac{2}{3}$

⑤ $14 \div \dfrac{2}{15} = \dfrac{14}{1} \times \dfrac{15}{2}$

$= \dfrac{\overset{7}{\cancel{14}} \times 15}{1 \times \underset{1}{\cancel{2}}}$

$= 105$

⑥ $12 \div \dfrac{7}{8} = \dfrac{12}{1} \times \dfrac{8}{7}$

$= \dfrac{12 \times 8}{1 \times 7}$

$= \dfrac{96}{7} \quad \left(13\dfrac{5}{7}\right)$

⑦ $\dfrac{3}{5} \div \dfrac{3}{4} \times \dfrac{5}{4} = \dfrac{3}{5} \times \dfrac{4}{3} \times \dfrac{5}{4}$

$= \dfrac{\overset{1}{\cancel{3}} \times \overset{1}{\cancel{4}} \times \overset{1}{\cancel{5}}}{\underset{1}{\cancel{5}} \times \underset{1}{\cancel{3}} \times \underset{1}{\cancel{4}}}$

$= 1$

⑧ $\dfrac{7}{3} \times \dfrac{1}{2} \div 14 = \dfrac{7}{3} \times \dfrac{1}{2} \div \dfrac{14}{1}$

$= \dfrac{7}{3} \times \dfrac{1}{2} \times \dfrac{1}{14}$

$= \dfrac{\overset{1}{\cancel{7}} \times 1 \times 1}{3 \times 2 \times \underset{2}{\cancel{14}}}$

$= \dfrac{1}{12}$

⑨ $0.3 \div \dfrac{9}{10} \times 3.6 = \dfrac{3}{10} \div \dfrac{9}{10} \times \dfrac{36}{10}$

$= \dfrac{3}{10} \times \dfrac{10}{9} \times \dfrac{36}{10}$

$= \dfrac{3 \times \overset{1}{\cancel{10}} \times \overset{\overset{2}{\cancel{4}}}{\cancel{36}}}{\underset{1}{\cancel{10}} \times \underset{1}{\cancel{9}} \times \underset{5}{\cancel{10}}}$

$= \dfrac{6}{5} \quad \left(1\dfrac{1}{5}\right)$

⑩ $0.9 \div 8 \times 4 \div 2.1 = \dfrac{9}{10} \div \dfrac{8}{1} \times \dfrac{4}{1} \div \dfrac{21}{10}$

$= \dfrac{9}{10} \times \dfrac{1}{8} \times \dfrac{4}{1} \times \dfrac{10}{21}$

$= \dfrac{\overset{3}{\cancel{9}} \times 1 \times \overset{1}{\cancel{4}} \times \overset{1}{\cancel{10}}}{\underset{1}{\cancel{10}} \times \underset{2}{\cancel{8}} \times 1 \times \underset{7}{\cancel{21}}}$

$= \dfrac{3}{14}$

⚠️ 4 ① １日に８秒ずつ進む時計があります。この時計は何日で10分
進みますか。
８秒を分の単位で表して計算しましょう。
② あきらさんの兄さんは、車いすマラソンで42kmを２時間20分で
走りました。
(1) ２時間20分は、何時間ですか。分数で表しましょう。
(2) 兄さんの走る速さは時速何kmですか。

考え方 ②(2) 速さ＝道のり÷時間

答え ① ８秒＝$\dfrac{8}{\boxed{60}}$分＝$\dfrac{2}{15}$分だから

$$10÷\dfrac{2}{15}=\dfrac{10}{1}×\dfrac{15}{2}$$

$$=\dfrac{\overset{5}{\cancel{10}}×15}{1×\underset{1}{\cancel{2}}}$$

$$=75$$

答え　**75日**

②(1)　20分＝$\dfrac{20}{60}$時間＝$\dfrac{1}{3}$時間だから、

２時間20分＝$2\dfrac{1}{3}$時間$\left(\dfrac{7}{3}\text{時間}\right)$

(2)　$42÷2\dfrac{1}{3}=42÷\dfrac{7}{3}$

$$=\dfrac{42}{1}×\dfrac{3}{7}$$

$$=\dfrac{\overset{6}{\cancel{42}}×3}{1×\underset{1}{\cancel{7}}}$$

$$=18$$

答え　**時速18km**

つないでいこう **算数の目** 〜大切な見方・考え方 教 p.65

① わり算の性質を生かし、前に学習した計算に結びつけて考える

しほの考え

$$\frac{7}{5} \div \frac{2}{3} = \boxed{\frac{21}{10}}$$

$$\downarrow \boxed{\times 3} \quad \downarrow \boxed{\times 3}$$

$$\frac{21}{5} \div 2 = \frac{21}{10}$$

等しい

① わり算では、わられる数とわる数に同じ数を
かけても商は変わらないことを使います。

右のように、わる数の $\frac{2}{3}$ を整数にするために、
まず、わられる数とわる数に 3 をかけます。

$\frac{2}{3}$ の逆数は $\frac{3}{2}$ だから、最後の式は、わる数
の逆数をかけた式になっています。

$$\frac{7}{5} \div \frac{2}{3} = \left(\frac{7}{5} \times \boxed{3}\right) \div \left(\frac{2}{3} \times \frac{\boxed{1}}{\underset{\boxed{1}}{\boxed{3}}}\right)$$

$$= \left(\frac{7}{5} \times \boxed{3}\right) \div 2$$

$$= \frac{7}{5} \times \frac{3}{2}$$

② わられる数とわる数をどちらも 10 倍して
わる数の 2.5 を整数にします。わられる数と
わる数のどちらも 10 倍しているので、商は
変わりません。

$$300 \div 2.5 = \boxed{120}$$

$$\downarrow \boxed{\times 10} \quad \boxed{\times 10}$$

$$3000 \div 25 = 120$$

等しい

分数の倍

教 p.66

いろいろなものの大きさを倍で比べるとき、もとにする大きさを1とみて比べてきました。□にあてはまる数を考えましょう。

① ガムとクッキーの値段の関係

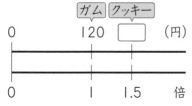

② 消しゴムとペンの値段の関係

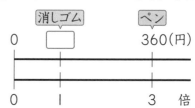

③ あめとチョコレートの値段の関係

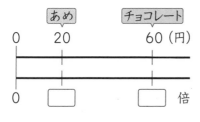

答え

① 120×1.5＝180 　　　　　　　　　　　　　　　答え **180**

② 360÷3＝120 　　　　　　　　　　　　　　　答え **120**

③ **りく**…あめの値段20円を1とみると、チョコレートの値段
　　　　　60円は

　　　　　　　60÷20＝3(倍) 　　　答え　左から順に**1、3**

　みさき…チョコレートの値段60円を1とみると、あめの値段
　　　　　20円は

　　　　　　　20÷60＝$\frac{1}{3}$(倍) 　　　答え　左から順に$\frac{1}{3}$、**1**

教 p.66〜67

1 右の表のような長さの、3本のリボンがあります。
赤のリボンの長さをもとにすると、青のリボンと
黄のリボンの長さは、それぞれ何倍ですか。

	長さ(m)
赤	$\dfrac{1}{2}$
青	$\dfrac{5}{4}$
黄	$\dfrac{3}{8}$

分数の倍

ねらい 比べられる大きさ、もとにする大きさが分数のときの倍について
考えます。

考え方 教科書67ページの数直線の図に表しているように、それぞれ x 倍、
y 倍として求めます。比べられる大きさやもとにする大きさが分数の
ときも、ある大きさがもとにする大きさの何倍にあたるかを求める
には、これを x 倍として、下の式を使います。

$$x倍＝比べられる大きさ÷もとにする大きさ$$

答え **1** 青のリボン…$\dfrac{5}{2}$ 倍、黄のリボン…$\dfrac{3}{4}$ 倍

はると…赤のリボンの長さを1とみて、青のリボンと黄のリボンの
長さは何倍にあたるかを求める。

青のリボン… 式 $x = \dfrac{5}{4} \div \dfrac{1}{2} = \dfrac{5 \times \overset{1}{\cancel{2}}}{\underset{2}{\cancel{4}} \times 1} = \dfrac{5}{2} \quad \left(2\dfrac{1}{2}\right)$

答え $\boxed{\dfrac{5}{2}}$ 倍 $\left(\boxed{2\dfrac{1}{2}} 倍\right)$

黄のリボン… 式 $y = \dfrac{3}{8} \div \dfrac{1}{2} = \dfrac{3 \times \overset{1}{\cancel{2}}}{\underset{4}{\cancel{8}} \times 1} = \dfrac{3}{4}$

答え $\boxed{\dfrac{3}{4}}$ 倍

—— 練習 ——

教 p.67

⚠ **1** の問題で、黄のリボンの長さをもとにすると、赤のリボンと
青のリボンの長さは、それぞれ何倍ですか。

ねらい 比べられる大きさ、もとにする大きさが分数のときの倍を考えます。

考え方 それぞれ x 倍、y 倍として求めます。それぞれの大きさが分数のときも、何倍であるかは、下の式で求めることができます。

$$x倍＝比べられる大きさ÷もとにする大きさ$$

答え 赤のリボン… $x=\dfrac{1}{2}÷\dfrac{3}{8}=\dfrac{1×\overset{4}{\cancel{8}}}{\underset{1}{\cancel{2}}×3}=\dfrac{4}{3}$ $\left(1\dfrac{1}{3}\right)$

答え $\dfrac{4}{3}$ 倍 $\left(1\dfrac{1}{3}倍\right)$

青のリボン… $y=\dfrac{5}{4}÷\dfrac{3}{8}=\dfrac{5×\overset{2}{\cancel{8}}}{\underset{1}{\cancel{4}}×3}=\dfrac{10}{3}$ $\left(3\dfrac{1}{3}\right)$

答え $\dfrac{10}{3}$ 倍 $\left(3\dfrac{1}{3}倍\right)$

教 p.67

2 下の問題に答えましょう。

① $\dfrac{2}{3}$ kg をもとにすると、$\dfrac{5}{9}$ kg は何倍ですか。

② $\dfrac{8}{9}$ L を1とみると、$\dfrac{5}{6}$ L はいくつにあたりますか。

ねらい 比べられる大きさ、もとにする大きさが分数のとき、倍を表す数を求めます。

考え方 もとにする大きさは、①は $\dfrac{2}{3}$ kg、②は $\dfrac{8}{9}$ L です。

答え ① $\dfrac{5}{9}÷\dfrac{2}{3}=\dfrac{5×\overset{1}{\cancel{3}}}{\underset{3}{\cancel{9}}×2}=\dfrac{5}{6}$

答え $\dfrac{5}{6}$ 倍

② $\dfrac{5}{6}÷\dfrac{8}{9}=\dfrac{5×\overset{3}{\cancel{9}}}{\underset{2}{\cancel{6}}×8}=\dfrac{15}{16}$

答え $\dfrac{15}{16}$

2 筆箱の値段は600円です。えん筆けずりの値段は、筆箱の2倍、

色えん筆の値段は、筆箱の$\frac{6}{5}$倍、ノートの値段は、筆箱の$\frac{3}{5}$倍です。

それぞれの物の値段を求めましょう。

① 式を書いて、答えを求めましょう。

② □にあてはまる数を書きましょう。

えん筆
けずり……

600×2＝1200の式は、600円を1とみたとき、
2にあたる値段が1200円であることを表している。

色えん筆…

600×$\frac{6}{5}$＝720の式は、600円を1とみたとき、
□にあたる値段が720円であることを表している。

ノート……

600×$\frac{3}{5}$＝360の式は、600円を□とみたとき、
□にあたる値段が360円であることを表している。

分数の倍

ねらい 倍を表す数が分数のとき、比べられる大きさの求め方を考えます。

考え方 教科書68ページの数直線の図に表したように、倍を表す数が分数の
ときも、比べられる大きさを求めるには、下の式を使います。

比べられる大きさ＝もとにする大きさ×倍

もとにする量は、筆箱の値段の600円です。

答え **2** えん筆けずり…1200円、色えん筆…720円、
ノート…360円

① えん筆
けずり…… 式 600×2＝1200 答え 1200 円

色えん筆… 式 $600×\frac{6}{5}=\frac{\overset{120}{\cancel{600}}×6}{1×\cancel{5}}=720$

答え 720 円

ノート…… 式 $600×\frac{3}{5}=\frac{\overset{120}{\cancel{600}}×3}{1×\cancel{5}}=360$

答え 360 円

② 色えん筆…$\frac{6}{5}$　　ノート……(順に)1、$\frac{3}{5}$

教 p.69

3 ひろみさんは、900円の本を買いました。この本の値段は、雑誌の

値段の $\frac{5}{3}$ 倍です。雑誌の値段を求めましょう。

① 雑誌の値段を x 円として、雑誌の値段と本の値段の関係をかけ算の式に

表しましょう。

② x にあてはまる数を求めましょう。

ねらい 倍を表す数が分数のとき、もとにする大きさの求め方を考えます。

考え方 教科書69ページの数直線の図に表したように、もとにする大きさは、

雑誌の値段の x 円です。

下の式で、もとにする大きさを x 円として、かけ算の式に表して考え

ます。

　　　　もとにする大きさ×倍＝比べられる大きさ

答え **3** 540円

あみ…雑誌の値段を1とみたとき、本の値段が $\frac{5}{3}$ にあたるから…。

① 式　$x \times \dfrac{5}{3} = 900$

② $x = \boxed{900} \div \boxed{\dfrac{5}{3}} = 900 \times \dfrac{3}{5} = \dfrac{\overset{180}{\cancel{900}} \times 3}{1 \times \cancel{5}}$

　　$= \boxed{540}$　　　　　　　　　答え　$\boxed{540}$ 円

―― 練習 ――

教 p.69

3 ジュースと牛乳があります。ジュースの量は $\frac{6}{5}$ L で、これは牛乳の

量の $\frac{4}{3}$ にあたります。牛乳は何 L ありますか。

ねらい 倍を表す数が分数のとき、もとにする大きさを求めます。

考え方 右のページの数直線の図に表したように、牛乳の量を x L として、

牛乳の量とジュースの量の関係をかけ算の式で表してみます。

答え 牛乳の量を x L とすると、

$$x \times \frac{4}{3} = \frac{6}{5}$$

x にあてはまる数を求めると、

$$x = \frac{6}{5} \div \frac{4}{3}$$

$$= \frac{\overset{3}{6} \times 3}{5 \times \underset{2}{4}}$$

$$= \frac{9}{10}$$

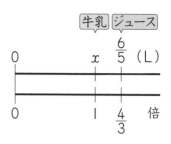

答え　$\frac{9}{10}$ L

教科書のまとめ　テスト前にチェックしよう！　**教** p.66〜69

☐ ❶ **分数の大きさの何倍かの求め方**

　分数のときも、ある大きさが、もとにする大きさの何倍にあたるかを 求めるには、わり算を使う。

　$\frac{5}{2}$ 倍は、$\frac{1}{2}$ m を 1 とみたとき、$\frac{5}{4}$ m が $\frac{5}{2}$ にあたることを表している。

☐ ❷ **x にあてはまる数を求めるときの考え方**

　分数のときも、もとにする大きさを求めるときは、x を使ってかけ算の式 に表すと考えやすくなる。

どんな計算になるのかな？　**教** p.70

答え ❶ $\frac{2}{7} \div \frac{2}{25} = \frac{2}{7} \times \frac{25}{2} = \frac{\overset{1}{2} \times 25}{7 \times \underset{1}{2}} = \frac{25}{7}$ $\left(3\frac{4}{7}\right)$

答え　$\frac{25}{7}$ 倍 $\left(3\frac{4}{7}$ 倍$\right)$

② $\dfrac{9}{10} \times \dfrac{7}{6} = \dfrac{\overset{3}{\cancel{9}} \times 7}{10 \times \underset{2}{\cancel{6}}} = \dfrac{21}{20}$ $\left(1\dfrac{1}{20}\right)$

答え $\dfrac{21}{20}$ m² $\left(1\dfrac{1}{20}\text{m}^2\right)$

③ $\dfrac{3}{4} \times \dfrac{4}{5} = \dfrac{3 \times \overset{1}{\cancel{4}}}{\underset{1}{\cancel{4}} \times 5} = \dfrac{3}{5}$

答え およそ $\dfrac{3}{5}$ kg

④ $2400 \div \dfrac{8}{5} = \dfrac{2400}{1} \times \dfrac{5}{8} = \dfrac{\overset{300}{2400} \times 5}{1 \times \underset{1}{\cancel{8}}} = 1500$

答え 1500円

⑤ 1Lの重さ…$\dfrac{6}{5} \div \dfrac{4}{3} = \dfrac{6}{5} \times \dfrac{3}{4} = \dfrac{\overset{3}{\cancel{6}} \times 3}{5 \times \underset{2}{\cancel{4}}} = \dfrac{9}{10}$

答え $\dfrac{9}{10}$ kg

1kgの体積…$\dfrac{4}{3} \div \dfrac{6}{5} = \dfrac{4}{3} \times \dfrac{5}{6} = \dfrac{\overset{2}{\cancel{4}} \times 5}{3 \times \underset{3}{\cancel{6}}} = \dfrac{10}{9}$ $\left(1\dfrac{1}{9}\right)$

答え $\dfrac{10}{9}$ L $\left(1\dfrac{1}{9}\text{L}\right)$

 ## おぼえているかな？　教 p.71

■ ① $\dfrac{7}{12} \times \dfrac{3}{14}$ 　　② $\dfrac{8}{3} \times \dfrac{21}{20}$ 　　③ $\dfrac{2}{7} \div \dfrac{8}{21}$ 　　④ $16 \div \dfrac{4}{5}$

　⑤ $\left(\dfrac{1}{6} + \dfrac{1}{3}\right) \times \dfrac{4}{5}$ 　⑥ $\dfrac{5}{6} - \dfrac{7}{9} \div 14$ 　⑦ $\dfrac{5}{18} \div \dfrac{10}{9} \times \dfrac{6}{7}$

考え方 ① $\underset{\text{エー}}{\dfrac{b}{a}} \times \underset{\text{シー}}{\dfrac{d}{c}} = \dfrac{b \times d}{a \times c}$ 　③ $\dfrac{b}{a} \div \dfrac{d}{c} = \dfrac{b \times c}{a \times d}$

（ビー）（ディー）

⑤〜⑦　計算の順序に注意します。

答え ➤ ① $\dfrac{7}{12}\times\dfrac{3}{14}=\dfrac{\cancel{7}\times\cancel{3}}{\cancel{12}\times\cancel{14}}=\dfrac{1}{8}$

② $\dfrac{8}{3}\times\dfrac{21}{20}=\dfrac{\cancel{8}\times\cancel{21}}{\cancel{3}\times\cancel{20}}=\dfrac{14}{5}\quad\left(2\dfrac{4}{5}\right)$

③ $\dfrac{2}{7}\div\dfrac{8}{21}=\dfrac{2}{7}\times\dfrac{21}{8}=\dfrac{\cancel{2}\times\cancel{21}}{\cancel{7}\times\cancel{8}}=\dfrac{3}{4}$

④ $16\div\dfrac{4}{5}=\dfrac{16}{1}\times\dfrac{5}{4}=\dfrac{\cancel{16}\times5}{1\times\cancel{4}}=20$

⑤ $\left(\dfrac{1}{6}+\dfrac{1}{3}\right)\times\dfrac{4}{5}=\left(\dfrac{1}{6}+\dfrac{2}{6}\right)\times\dfrac{4}{5}=\dfrac{\cancel{3}}{\cancel{6}}\times\dfrac{4}{5}=\dfrac{1\times\cancel{4}}{\cancel{2}\times5}=\dfrac{2}{5}$

⑥ $\dfrac{5}{6}-\dfrac{7}{9}\div14=\dfrac{5}{6}-\dfrac{\cancel{7}\times1}{9\times\cancel{14}}=\dfrac{5}{6}-\dfrac{1}{18}=\dfrac{15}{18}-\dfrac{1}{18}=\dfrac{\cancel{14}}{\cancel{18}}=\dfrac{7}{9}$

⑦ $\dfrac{5}{18}\div\dfrac{10}{9}\times\dfrac{6}{7}=\dfrac{5}{18}\times\dfrac{9}{10}\times\dfrac{6}{7}=\dfrac{\cancel{5}\times\cancel{9}\times\cancel{6}}{\cancel{18}\times\cancel{10}\times7}=\dfrac{3}{14}$

---

2 教科書71ページの表は、「好きなスポーツ」について、ひではるさんの小学校でアンケートを行った結果です。この表に、それぞれのスポーツの割合を書き、円グラフに表しましょう。

考え方 割合＝比べられる量÷もとにする量　で求められます。
また、割合を表す0.01を百分率で表すと、1%となります。
それぞれの百分率の合計が100になるか確かめます。

答え 好きなスポーツの百分率は、下のようになります。

サッカー……………108÷300＝0.36→36%

野球…………………102÷300＝0.34→34%

バスケットボール…48÷300＝0.16　→16%

ドッジボール………18÷300＝0.06　→　6%

その他………………24÷300＝0.08　→　8%

好きなスポーツ

スポーツ	人数(人)	百分率(%)
サッカー	108	36
野球	102	34
バスケットボール	48	16
ドッジボール	18	6
その他	24	8
合計	300	100

好きなスポーツ

3 下の問題に答えましょう。

① $\frac{9}{8}$ mのリボンの長さは、$\frac{3}{4}$ mのリボンの長さの何倍ですか。

② $\frac{4}{3}$ L を1とみると、$\frac{2}{3}$ にあたる量は何Lですか。

③ $\frac{21}{20}$ m² をもとにした、$\frac{3}{5}$ m² の割合はどれだけですか。

答え

① $\frac{9}{8} \div \frac{3}{4} = \frac{\cancel{9}^{3} \times \cancel{4}^{1}}{\cancel{8}_{2} \times \cancel{3}_{1}} = \frac{3}{2} \quad \left(1\frac{1}{2}\right)$

答え $\frac{3}{2}$ 倍 $\left(1\frac{1}{2}$ 倍$\right)$

② $\frac{4}{3} \times \frac{2}{3} = \frac{4 \times 2}{3 \times 3} = \frac{8}{9}$

答え $\frac{8}{9}$ L

③ $\frac{3}{5} \div \frac{21}{20} = \frac{\cancel{3}^{1} \times \cancel{20}^{4}}{\cancel{5}_{1} \times \cancel{21}_{7}} = \frac{4}{7}$

答え $\frac{4}{7}$

数と計算で あそぼう 式づくり

教 p.71

答え

① $\frac{2}{3} \times 6 = \boxed{5} \times 0.8$

② $\frac{18}{7} \div \boxed{9} = 12 \div 42$

③ $\frac{1}{2} \div 5 = \boxed{4} \div 40$

④ $\frac{1}{7} \times \boxed{7} = 0.25 \times 4$

⑤ $\frac{3}{4} \times \boxed{8} = 192 \div 32$

⑥ $\frac{26}{5} \div \boxed{6} = \frac{2}{3} + \frac{1}{5}$

5 比
割合の表し方を調べよう

どんな混ざり方になっているかな？ 教 p.72

答 え ⑦ 果じゅう…1500×0.2＝300 　　　　　答え ☐300☐ mL
　　　　　その他……1500−300＝1200 　　　　答え ☐1200☐ mL
　　　　① 果じゅう…280×0.2＝56 　　　　　　答え ☐56☐ mL
　　　　　その他……280−56＝224 　　　　　　答え ☐224☐ mL

5 比

1 比と比の値

教 p.73〜74

1 3人が使ったウスターソースとケチャップの量の関係を調べましょう。

ただし 1人分	ウスターソース	ケチャップ	
	⌣ ⌣	⌣ ⌣ ⌣	⊂1人分

みか 2人分	ウスターソース	ケチャップ	
	⌣ ⌣	⌣ ⌣ ⌣	⊂1人分
	⌣ ⌣	⌣ ⌣ ⌣	⊂1人分

けん 3人分	ウスターソース	ケチャップ	
	⌣ ⌣	⌣ ⌣ ⌣	⊂1人分
	⌣ ⌣	⌣ ⌣ ⌣	⊂1人分
	⌣ ⌣	⌣ ⌣ ⌣	⊂1人分

1 小さじ1ぱいを1とみて、みかさん、けんさんが使った
ウスターソースとケチャップの量の割合を、それぞれ比で表しましょう。

2 小さじ2はいを1とみると、みかさんが使ったウスターソースと
ケチャップの量は、それぞれいくつにあたりますか。

3 小さじ3ばいを1とみると、けんさんが使ったウスターソースと
ケチャップの量は、それぞれいくつにあたりますか。

ねらい ▶ ウスターソースとケチャップの量の割合について調べます。

答え ① みか…4：6

けん…6：9

② ウスターソース…2　みか

ケチャップ………3

ウスターソース	ケチャップ

③ ウスターソース…2　けん

ケチャップ………3

ウスターソース	ケチャップ

教 p.75

2 ただしさんが使ったケチャップの量を
もとにした、ウスターソースの量の割合を
求めましょう。

ウスター ソース	ケチャップ
2	3

① 4：6、6：9の比の値を求めましょう。

② 2：3、4：6、6：9の比の値を比べましょう。

ねらい ▶ $a：b$ の比で、b をもとにして a がどれだけの割合になるかを考えます。

答え ▶ ① $\dfrac{2}{3}$

① みか 4：6 → 4÷6 ＝ $\dfrac{\cancel{4}^{2}}{\cancel{6}_{3}}$ ＝ $\dfrac{2}{3}$ ｜ けん 6：9 → 6÷9 ＝ $\dfrac{\cancel{6}^{2}}{\cancel{9}_{3}}$ ＝ $\dfrac{2}{3}$

② 2：3、4：6、6：9の比の値は、どれも $\dfrac{2}{3}$ で等しい。

── 練習 ──

教 p.76

⚠ 1　4：5、5：4の比の値をそれぞれ求めましょう。

ねらい　比の値を求めます。

考え方　$a：b$の比の値は、$a÷b=\dfrac{a}{b}$のようにして求めます。

答え　$4：5→4÷5=\dfrac{4}{5}$

$5：4→5÷4=\dfrac{5}{4}$

5
比

教 p.76

⚠ 2　比の値を求めて、等しい比を見つけましょう。
① 1：2　　② 6：8　　③ 21：28
④ 10：5　　⑤ 20：15　　⑥ 25：50

ねらい　比の値を求めて、等しい比を見つけます。

考え方　比の値が等しいとき、それらの「比は等しい」といいます。

答え

① $1÷2=\dfrac{1}{2}$　　　② $6÷8=\dfrac{\overset{3}{\cancel{6}}}{\underset{4}{\cancel{8}}}=\dfrac{3}{4}$

③ $21÷28=\dfrac{\overset{3}{\cancel{21}}}{\underset{4}{\cancel{28}}}=\dfrac{3}{4}$　　④ $10÷5=\dfrac{\overset{2}{\cancel{10}}}{\underset{1}{\cancel{5}}}=2$

⑤ $20÷15=\dfrac{\overset{4}{\cancel{20}}}{\underset{3}{\cancel{15}}}=\dfrac{4}{3}$　　⑥ $25÷50=\dfrac{\overset{1}{\cancel{25}}}{\underset{2}{\cancel{50}}}=\dfrac{1}{2}$

等しい比…①と⑥、②と③

📌 ますりん通信　**比と割合**

答え　比の値は $\boxed{\dfrac{7}{10}}$ だね。

◀ **教科書のまとめ** ▶　テスト前に
チェックしよう！　　教 p.73〜76

□ ❶ **比**

　2と3の割合を、「：」の記号を使って、2：3と表すことがある。2：3
は「二対三」と読む。

　このように表された割合を、比という。

　2：3は「2と3の比」ともいう。

□ ❷ **比の値**

　a：bの比で、bをもとにしてaがどれだけの割合になるかを表したものを、
a：bの**比の値**という。

　a：bの比の値は、aをbでわった商になる。

　比の値が等しいとき、それらの「比は等しい」といい、等号を使って
下のように表す。

$$2 : 3 = 4 : 6$$

2 等しい比の性質

教 p.77

1 2：3、4：6、6：9は等しい比です。等しい比どうしを比べましょう。

❶　2：3と4：6の関係を調べてみましょう。

❷　2人の考えを説明しましょう。

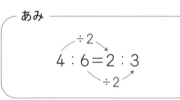

❸　2：3と6：9の比でも、上の関係を調べてみましょう。

❹　□にあてはまる数をいいましょう。

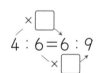

ねらい 等しい比どうしの関係を調べます。

考え方 等しい比で、「:」の前の数どうし、後ろの数どうしの関係を調べます。

③ 2つの比には、下のような関係があります。

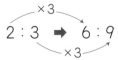

答え 1、2 はると…2:3の「:」の左側と右側の数2と3に、同じ数2をかけた数の比が4:6になっている。

あみ…4:6の「:」の左側と右側の数4と6を、同じ数2でわった数の比が2:3になっている。

③ 2:3の「:」の左側と右側の数2と3に、同じ数3をかけた数の比が6:9になっている。また、6:9の「:」の左側と右側の数6と9を、同じ数3でわった数の比が2:3になっている。

④ $4×\boxed{}=6$ または、$6×\boxed{}=9$

$\boxed{}=6÷4$ $\boxed{}=9÷6$

$=1.5\left(または、\dfrac{3}{2}\right)$ $=1.5\left(または、\dfrac{3}{2}\right)$

$\boxed{}$にあてはまる数は同じ数になる。

—— 練習 ——

△! 右のこうたさんの考えはまちがっています。
その理由を説明しましょう。

こうた
2:3と等しい比をつくりました。

$2:3=4:9$

ねらい 等しい比のつくり方を確かめます。

考え方 「:」の左側と右側の数それぞれにどんな数をかけているか考えてみます。

5 比

答え

$$\overset{\times \boxed{2}}{\overgroup{2 : 3}} = \overset{}{\undergroup{4 : 9}}$$
$$\times \boxed{3}$$

2と3に同じ数ではなく、ちがった数をかけているから、4：9は
2：3と等しい比ではない。

教 p.77

 6：8と等しい比を、3つつくりましょう。

ねらい 等しい比の関係を使って、等しい比をつくります。

考え方 「：」の、左側と右側の数に同じ数をかけたり、左側と右側の数を
同じ数でわったりして、等しい比をつくります。

答え （例） 3：4、9：12、12：16など

$$\overset{\div 2}{\overgroup{6 : 8}} = \underset{\div 2}{\undergroup{3 : 4}} \qquad \overset{\times 1.5}{\overgroup{6 : 8}} = \underset{\times 1.5}{\undergroup{9 : 12}} \qquad \overset{\times 2}{\overgroup{6 : 8}} = \underset{\times 2}{\undergroup{12 : 16}}$$

教 p.78

2 49：63の比を、もっとわかりやすく表しましょう。

1 2人の考えを説明しましょう。

> **こうた**
> 等しい比どうしの関係を
> 使って…。
>
> $$\overset{\div 7}{\overgroup{49 : 63}} = \underset{\div 7}{\undergroup{7 : 9}}$$

> **みさき**
> 比の値を求めて…。
>
> $$49 : 63 \rightarrow \dfrac{\overset{7}{\cancel{49}}}{\underset{9}{\cancel{63}}}$$
>
> $$49 : 63 = 7 : 9$$

ねらい 比を、それと等しい比で、できるだけ小さい整数の比になおす方法を
考えます。

答え **2** 7：9

1 こうた…「：」の左側と右側の数を7でわって、等しい比を
　　　　つくっている。

　　みさき…比の値が等しいとき、それらの比は等しいので、比の値
　　　　を求めて約分し、その比の値になる比をつくっている。

―― 練習 ――――――

教 p.78

△3 下の比を簡単にしましょう。

① 12：9　　② 16：24　　③ 18：42　　④ 14：49

ねらい 比を簡単にします。

考え方 比を表す2つの数の最大公約数でわって、比を簡単にします。

最大公約数は、①…3、②…8、③…6、④…7となります。

答え

① 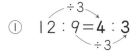　12：9＝4：3

② 16：24＝2：3

③ 18：42＝3：7

④ 14：49＝2：7

5
比

教 p.78

△4 下の比で、比を簡単にできるのはどれですか。

⑦ 4：9　　　　① 15：51　　　　⑦ 32：25

ねらい 比が簡単にできるとき、比を表す2つの数にどんな関係があるかを考えます。

考え方 比を表す2つの数に1以外の公約数があれば、比を簡単にできます。

答え ①で、比を表す2つの数15と51は、3が最大公約数となるので

15：51＝5：17

と簡単にできる。　　　　　　　　　　　　　　　　　　答え　①

教 p.79

3 0.9：1.5、$\frac{2}{3}$：$\frac{4}{5}$の比を簡単にしましょう。

① 0.9：1.5を簡単にする方法を考えましょう。

② $\frac{2}{3}$：$\frac{4}{5}$を簡単にする方法を考えましょう。

91

> **ねらい**　小数や分数で表された比を簡単にする方法を考えます。

> **考え方**。　比を表す2つの数を整数にして、比を簡単にします。

整数の比になおす方法を考えます。

① り　く…0.9、1.5を10倍します。

し　ほ…0.9は0.1の9こ分、1.5は0.1の15こ分と考えます。

② あ　み…分母の3と5の公倍数15をかけます。

はると…$\frac{10}{15}$は$\frac{1}{15}$の10こ分、$\frac{12}{15}$は$\frac{1}{15}$の12こ分と考えます。

答　え　①

りく

0.9、1.5を10倍すると…。

$0.9 : 1.5 = (0.9 \times 10) : (1.5 \times 10)$

$= 9 : \boxed{15}$

$= \boxed{3} : \boxed{5}$

しほ

0.1をもとにすると…。

$0.9 : 1.5 = 9 : \boxed{15}$

$= \boxed{3} : \boxed{5}$

②

あみ

分母の3と5の公倍数を…。

$\frac{2}{3} : \frac{4}{5} = \left(\frac{2}{3} \times 15\right) : \left(\frac{4}{5} \times 15\right)$

$= 10 : 12$

$= \boxed{5} : \boxed{6}$

はると

通分して考えると…。

$\frac{2}{3} : \frac{4}{5} = \frac{10}{15} : \frac{12}{15}$

$= 10 : \boxed{12}$

$= \boxed{5} : \boxed{6}$

> 小数や分数で表された比は、整数の比になおしてから、簡単にすればいいね。

── 練習 ────────

教 p.79

⑤　下の比を簡単にしましょう。

①　$0.5 : 0.6$　　②　$2.5 : 3$　　③　$\dfrac{5}{6} : \dfrac{2}{9}$　　④　$\dfrac{12}{5} : 6$

ねらい　小数や分数で表された比を整数の比になおしてから簡単にします。

考え方　①、②　10倍して整数の比になおします。

③　分母の6と9の最小公倍数18をかけて整数の比になおします。

④　分母の5と1の最小公倍数5をかけて整数の比になおします。

答え

①　$0.5 : 0.6 = (0.5 \times 10) : (0.6 \times 10)$
$$= 5 : 6$$

②　$2.5 : 3 = (2.5 \times 10) : (3 \times 10)$
$$= 25 : 30$$
$$= 5 : 6$$

③　$\dfrac{5}{6} : \dfrac{2}{9} = \left(\dfrac{5}{6} \times \overset{3}{\cancel{18}}\right) : \left(\dfrac{2}{9} \times \overset{2}{\cancel{18}}\right)$
$$= 15 : 4$$

④　$\dfrac{12}{5} : 6 = \left(\dfrac{12}{5} \times \overset{1}{\cancel{5}}\right) : (6 \times 5)$
$$= 12 : 30$$
$$= 2 : 5$$

③　通分して、$\dfrac{1}{18}$ をもとにして考えると

$$\dfrac{5}{6} : \dfrac{2}{9} = \dfrac{15}{18} : \dfrac{4}{18} = 15 : 4$$

④　通分して、$\dfrac{1}{5}$ をもとにして考えると

$$\dfrac{12}{5} : 6 = \dfrac{12}{5} : \dfrac{6}{1} = \dfrac{12}{5} : \dfrac{30}{5}$$
$$= 12 : 30 = 2 : 5$$

5
比

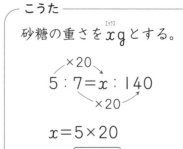

◀ **教科書のまとめ** ▶ テスト前に
チェックしよう! 教 p.77〜79

☐ **①** **等しい比どうしの関係**

等しい比には、下のような関係がある。

(1)　　×2
　　2：3＝4：6
　　　　×2

(2)　　÷③
　　6：9＝2：3
　　　　÷③

☐や○は、それぞれ同じ数になっている。

☐ **②** **比の簡単な表し方**

比を、それと等しい比で、できるだけ小さい整数の比になおすことを、
「比を簡単にする」という。

比を表す2つの数を、整数の比になおしてから、それらの公約数でわれば、
比を簡単にすることができる。

3　比の利用

教 p.80

I　ケーキを作るのに、砂糖と小麦粉を重さの比が5：7になるように混ぜます。
小麦粉を140g使うとき、砂糖は何g必要ですか。

I　2人の考えを説明しましょう。

┌ しほ ─────────

砂糖と小麦粉の重さの比は
5：7
砂糖の重さは、小麦粉の重さ
を1とみると、$\frac{5}{7}$にあたる。

$$140 \times \frac{5}{7} = \boxed{}$$

答え ☐g
└──────────────

┌ こうた ─────────

砂糖の重さをxgとする。

　　×20
$5：7＝x：140$
　　×20

$x＝5 \times 20$
$＝\boxed{}$

答え ☐g
└──────────────

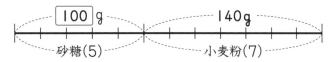

ねらい 比の一方の量を求める方法を考えます。

答え 1 100g

砂糖(5) 100g ｜ 小麦粉(7) 140g

1 し ほ…砂糖と小麦粉の重さの比が5：7になることから、

砂糖の重さは小麦粉の重さを1とみたとき、

$$5÷7＝\frac{5}{7}$$

にあたるから、砂糖の重さは

$$140×\frac{5}{7}＝\boxed{100}$$ 答え $\boxed{100}$ g

こうた…砂糖の重さをxgとすると、5：7とx：140の比は

等しくなるから、

$$5：7＝x：140$$

140は7に20をかけた数だから、xは5に20を

かけた数になる。

$$x＝5×20$$
$$＝\boxed{100}$$ 答え $\boxed{100}$ g

5
比

―― 練習 ――

教 p.80

△1 縦と横の長さの比が5：8の、長方形の旗を作ります。

縦の長さを75cmにするとき、横の長さは何cmになりますか。

ねらい 比の一方の量を求める場面の問題を考えます。

考え方 横の長さを$x$cmとして、等しい比の式をつくり、その式から
横の長さを求めます。

答え 横の長さを$x$cmとする。

$$\overset{\times15}{5：8＝75：x}$$
$$\underset{\times15}{}$$

$$x＝8×15$$
$$＝120$$ 答え 120cm

教 p.80

② 下の式で、xの表す数を求めましょう。

① $15:10=x:2$ ② $7.5:5=3:x$

ねらい 比の一方の数を求めます。

考え方

① $15:10=x:2$ ② $7.5:5=3:x$
（÷5）   （÷2.5）

答え ① $x=15÷5$ ② $x=5÷2.5$
             $=3$ $=2$

教 p.81

2 ミルクティーを1200mL作ろうと思います。
牛乳と紅茶を3:5の割合で混ぜるとき、牛乳は何mL必要ですか。

１ 2人の考えを説明しましょう。

りく

牛乳の量は、ミルクティー
全体の量を1とみると、
$\dfrac{3}{8}$ にあたる。

$1200×\dfrac{3}{8}=\boxed{}$

答え $\boxed{}$ mL

みさき

牛乳の量をxmLとする。

×150
$3:8=x:1200$
×150

$x=3×150$
$=\boxed{}$ 答え $\boxed{}$ mL

ねらい 全体の量を、部分と部分の比で分ける方法を考えます。

考え方 １ りくさんは、牛乳のミルクティー全体に対する割合から牛乳の量
を求めようとしています。

みさきさんは、牛乳の量をxmLとして、等しい比の性質から、
牛乳の量を求めようとしています。

答え **2** 450mL

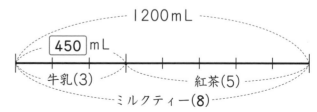

1 り　く…牛乳を3、紅茶を5とすると、ミルクティー全体は牛乳
と紅茶の3と5をたした8だから、牛乳の量は、ミルク
ティー全体の量を1とみると、$\frac{3}{8}$にあたる。

したがって、$1200 \times \frac{3}{8} = \boxed{450}$

答え　$\boxed{450}$ mL

みさき…牛乳の量をx mLとする。牛乳を3、紅茶を5とすると、
ミルクティー全体は牛乳と紅茶の3と5をたした8
だから

$$3 : 8 = x : 1200$$

1200は8に150をかけた数だから、xは3に150を
かけた数になる。

$$x = 3 \times 150$$
$$= \boxed{450}$$

答え　$\boxed{450}$ mL

― 練習 ―

📖 p.81

△3 250枚の色紙を、さゆりさんとよしひろさんの色紙の枚数の比が3：2に
なるように分けます。

2人の色紙の枚数は、それぞれ何枚ですか。

ねらい▷ 全体の量を、部分と部分の比に分けるときの量を求めます。

考え方▷ 色紙全体は、3と2をたして5とみることができます。さゆりさんの
色紙の枚数をx枚として、さゆりさんの色紙の枚数と色紙全体の枚数
の比を考え、等しい比の性質から、xの表す数を求めます。

答え▷ さゆりさんの色紙の枚数をx枚とする。

$$3 : (3+2) = x : 250$$

$$\overset{\times 50}{3 : 5 = x : 250}$$

$$x = 3 \times 50$$
$$= 150$$

よしひろさんの色紙の枚数は　$250 - 150 = 100$（枚）

答え　さゆりさん…150枚　よしひろさん…100枚

テスト前に
チェックしよう！

□ ❶ 比の一方の量の求め方

比の一方の量は、比のもう一方の量を1とみたり、等しい比をつくったり
すれば求められる。

□ ❷ 全体の量を部分と部分に分ける方法

部分の量は、全体の量を1とみたり、部分と全体の等しい比をつくったり
すれば求められる。

たしかめよう

⚠ 比の値を求めましょう。

① 3：5　　② 25：45　　③ 1.2：0.9　　④ 0.8：2

考え方 $a：b$ で表された比の、a を b でわった商を、比の値といいます。
③、④は、比を表す2つの数を整数にして、比の値を求めます。

答え

① $3÷5=\dfrac{3}{5}$　　　② $25÷45=\dfrac{\overset{5}{25}}{\underset{9}{45}}=\dfrac{5}{9}$

③ $1.2：0.9=12：9$　だから　$12÷9=\dfrac{\overset{4}{12}}{\underset{3}{9}}=\dfrac{4}{3}\ \left(1\dfrac{1}{3}\right)$

④ $0.8：2=8：20$　だから　$8÷20=\dfrac{\overset{2}{8}}{\underset{5}{20}}=\dfrac{2}{5}$

⚠ まゆみさんのバスケットボールチームの、全試合数をもとにした、勝った
試合数の割合は0.6でした。

全試合数が15試合のとき、勝った試合数は何試合ですか。
また、勝った試合数と全試合数の割合を比で表しましょう。

考え方 割合＝比べられる大きさ÷もとにする大きさ

答え 勝った試合数を x 試合とする。

$$x \div 15 = 0.6$$
$$x = 0.6 \times 15$$
$$= 9$$

答え　**9 試合**

勝った試合数と全試合数の割合を比で表すと

$$9 : 15 = 3 : 5$$

答え　**3 : 5**

△3 下の比を簡単にしましょう。

① 40 : 120　② 12 : 21　③ 5.6 : 2.1　④ $\dfrac{3}{5} : \dfrac{1}{3}$

5

比

考え方 ①、②は、比を表す2つの数の最大公約数でわります。

③、④は、比を表す2つの数を整数にしてから、比を簡単にします。

答え

① $\overset{\div 40}{40 : 120} = 1 : 3$

② $\overset{\div 3}{12 : 21} = 4 : 7$

③ $5.6 : 2.1 = \overset{\div 7}{56 : 21} = 8 : 3$

④ $\dfrac{3}{5} : \dfrac{1}{3} = \left(\dfrac{3}{5} \times \overset{3}{\cancel{15}}\right) : \left(\dfrac{1}{3} \times \overset{5}{\cancel{15}}\right) = 9 : 5$

△4 下の式で、x の表す数を求めましょう。

① $10 : 4 = 5 : x$　　② $2 : 0.5 = x : 2$

考え方 等しい比の性質から、x の表す数を求めます。

答え

① $\overset{\div 2}{10 : 4} = 5 : x$　　$x = 4 \div 2$
$$= 2$$

② $\overset{\times 4}{2 : 0.5} = x : 2$　　$x = 2 \times 4$
$$= 8$$

縦と横の長さの比が5：3になるように、長方形の形に紙を切ります。
縦の長さが45cmのとき、横の長さは何cmになりますか。

考え方 横の長さを x cm として、等しい比の性質から、横の長さを求めます。

答え 横の長さを x cm とする。

$$5 : 3 = 45 : x$$

（×9）

$$x = 3 \times 9$$
$$= 27$$

答え　27 cm

⑥ ある日の、昼の長さと夜の長さの比は7：5でした。
昼の長さは何時間でしたか。

考え方 1日の長さは、7と5をたして12とみることができます。昼の長さ
を x 時間として、等しい比の性質から、x の表す数を求めます。

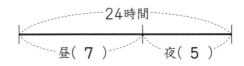

答え 昼の長さを x 時間とする。

$$7 : (7+5) = x : 24$$

$$7 : 12 = x : 24$$

（×2）

$$x = 7 \times 2$$
$$= 14$$

答え　14時間

つないでいこう 算数の目 〜大切な見方・考え方　[教] p.84

① 数量の関係に注目し、同じ割合であることから考える

① 　比　$\boxed{2}:\boxed{3}$

　　比の値　$\boxed{2}\div\boxed{3}=\dfrac{\boxed{2}}{\boxed{3}}$

② **あみ**…りくさんは、ケチャップ30mLを1とみると、ウスターソースの量は

　　$\dfrac{\boxed{2}}{\boxed{3}}$ にあたることを使って、$30\times\dfrac{2}{3}=20$（mL）として求めている。

おぼえているかな？　[教] p.85

> **1** 下の時間を、（　）の中の単位を使って、分数で表しましょう。
>
> ① 45分（時間）　　② 25秒（分）　　③ 80分（時間）

考え方 60分＝1時間、60秒＝1分

答え

① $\dfrac{45}{60}=\dfrac{3}{4}$　　　　　　　　　　　　　答え $\dfrac{3}{4}$時間

② $\dfrac{25}{60}=\dfrac{5}{12}$　　　　　　　　　　　　答え $\dfrac{5}{12}$分

③ $\dfrac{80}{60}=\dfrac{4}{3}\left(1\dfrac{1}{3}\right)$　　　　　答え $\dfrac{4}{3}$時間 $\left(1\dfrac{1}{3}時間\right)$

2 $\frac{2}{3}$ m の鉄の棒の重さをはかったら、$\frac{26}{9}$ kg でした。

① この鉄の棒 1 m の重さは何 kg ですか。

② この鉄の棒 1 kg の長さは何 m ですか。

答え

① $\frac{26}{9} \div \frac{2}{3} = \frac{\overset{13}{\cancel{26}} \times \overset{1}{\cancel{3}}}{\underset{3}{\cancel{9}} \times \underset{1}{\cancel{2}}} = \frac{13}{3} \quad \left(4\frac{1}{3}\right)$

答え $\frac{13}{3}$ kg $\left(4\frac{1}{3} kg\right)$

② $\frac{2}{3} \div \frac{26}{9} = \frac{\overset{1}{\cancel{2}} \times \overset{3}{\cancel{9}}}{\underset{1}{\cancel{3}} \times \underset{13}{\cancel{26}}} = \frac{3}{13}$

答え $\frac{3}{13}$ m

3 ガソリン 25 L で 300 km 走る自動車A と、ガソリン 20 L で 250 km 走る自動車B があります。

ガソリン 1 L あたりに走る道のりが長いのは、どちらの自動車ですか。

答え ガソリン 25 L で 300 km 走る自動車A が、ガソリン 1 L あたりに走る道のりは

$300 \div 25 = 12$ (km)

ガソリン 20 L で 250 km 走る自動車B が、ガソリン 1 L あたりに走る道のりは

$250 \div 20 = 12.5$ (km)

答え **自動車B**

4 120 km の道のりを 2 時間で走る自動車の、時速と分速を求めましょう。

考え方 1 時間 = 60 分だから、時速を分速になおすには、時速を 60 でわります。

答え $120 \div 2 = 60$

$60 \div 60 = 1$

答え **時速60 km**

答え **分速1 km**

5 下の問題に答えましょう。

① 直径9cmの円の円周の長さは何cmですか。

② 円周の長さが12.56mの円の半径は何mですか。

考え方。 ① 円周＝直径×円周率

② 半径＝円周÷円周率÷2

円周率は3.14とします。

答え ① 9×3.14＝28.26　　　　　　　　答え **28.26cm**

② 12.56÷3.14÷2＝2　　　　　　答え **2m**

おぼえているかな？

6 右の三角形と合同な三角形をノートにかきましょう。

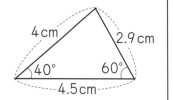

考え方。 下の①～③のどれかを使って、合同な三角形をかくことができます。

① 3つの辺の長さ

② 2つの辺の長さとその間の角の大きさ

③ 1つの辺の長さとその両はしの2つの角の大きさ

答え 省略

合同な三角形のかき方には、3つの方法があるんだね。

数と計算で**あそぼう**　　**ふしぎな計算**　　　　　　　　　　教 p.85

答え

①
- ㋐　$\dfrac{1}{2}-\dfrac{1}{3}=\dfrac{3}{6}-\dfrac{2}{6}=\dfrac{1}{6}$
- ㋑　$\dfrac{1}{2}\times\dfrac{1}{3}=\dfrac{1\times1}{2\times3}=\dfrac{1}{6}$

②
- ㋐　$\dfrac{2}{3}-\dfrac{2}{5}=\dfrac{10}{15}-\dfrac{6}{15}=\dfrac{4}{15}$
- ㋑　$\dfrac{2}{3}\times\dfrac{2}{5}=\dfrac{2\times2}{3\times5}=\dfrac{4}{15}$

③
- ㋐　$\dfrac{3}{5}-\dfrac{3}{8}=\dfrac{24}{40}-\dfrac{15}{40}=\dfrac{9}{40}$
- ㋑　$\dfrac{3}{5}\times\dfrac{3}{8}=\dfrac{3\times3}{5\times8}=\dfrac{9}{40}$

①～③の㋐、㋑の答えは、それぞれ**同じになっている。**

（２つの分数の差と積は等しい。）

[説明]　２つの分数は、下のような特ちょうがあります。

　　(1)　分子が等しい

　　(2)　分母の数の差と分子の数が等しい

　　このような、特ちょうをもつ２つの分数をつくって、

　　同じことがいえるか、確かめてみよう。

（例）　$\dfrac{2}{5}$ と $\dfrac{2}{7}$　　　　$\dfrac{2}{5}-\dfrac{2}{7}=\dfrac{4}{35}$、$\dfrac{2}{5}\times\dfrac{2}{7}=\dfrac{4}{35}$

　　　　$\dfrac{4}{7}$ と $\dfrac{4}{11}$　　　　$\dfrac{4}{7}-\dfrac{4}{11}=\dfrac{16}{77}$、$\dfrac{4}{7}\times\dfrac{4}{11}=\dfrac{16}{77}$

[理由]　２つの分数を $\dfrac{a}{b}$、$\dfrac{a}{c}$ とし、$\dfrac{a}{b}$ のほうが大きいとします。

　　　　また、上の(2)の特ちょうから、a と $c-b$ は等しいとします。

　　　　２つの分数の差は

$$\dfrac{a}{b}-\dfrac{a}{c}=\dfrac{a\times c}{b\times c}-\dfrac{a\times b}{c\times b}=\dfrac{a\times c-a\times b}{b\times c}=\dfrac{a\times(c-b)}{b\times c}$$

　　　　a と $c-b$ が等しいから $\dfrac{a}{b}-\dfrac{a}{c}=\dfrac{a\times(c-b)}{b\times c}=\dfrac{a\times a}{b\times c}$ …①

　　　　２つの分数の積は

$$\dfrac{a}{b}\times\dfrac{a}{c}=\dfrac{a\times a}{b\times c}\ \cdots②$$

　　　　①、②のことから、このような特ちょうをもつ２つの分数の

　　　　差と積は等しくなります。

104

算数で
読みとこう

データにかくれた事実にせまろう　教 p.86〜87

1 答え
❶　「あえた回数120回」÷「船が出た回数122回」より求めた。
　　　120÷122＝0.983…

❷　1年間のうち船を出せた日数が61日だけだから、1年間で
365－61＝304（日）は船を出せなかったことになる。
　　毎日2便運行しているとして、あえた日数を120÷2＝60（日）
と考えると、あえた日数の割合は、60÷365＝0.164…だから、
ほぼ確実にクジラにあえるとは考えなかった。

❸　今は、250回もぐって10倍の10回クジラにあえることになる
が、250回のうちの10回だから、$\dfrac{10}{250}＝\dfrac{1}{25}＝0.04$ の割合
しかあえないと考えた。

2 答え
❶　大きさや形のちがう野菜の価格を比べているから、基準として
重さのキロ単位を使っている。

❷　全国の各都道府県から店を選ぶことで、地域のかたよりがない
ようにした。また、店によって売り方や値段がちがうと考えた。

❸　前年の価格がたまたま2年前の価格と比べても安かったのかも
しれないと考えた。

❹　㋐の場合は、今年の価格は平年並みといえる。
　　㋑の場合は、今年の価格は平年より高いといえる。

拡大図と縮図

6 形が同じで大きさがちがう図形を調べよう

| 拡大図と縮図

教 p.89〜90

| 下の⑦と形が同じに見えるものは、⑦〜⑪のどれですか。

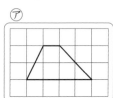
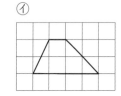
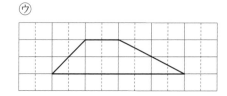

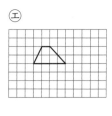
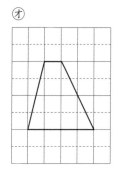
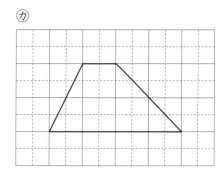

① ⑦と⑪の図形を比べて、気づいたことをいいましょう。

② ⑦と⑭の図形の関係についても、りくさんと同じように調べましょう。

③ ⑦、⑯は、⑦の拡大図といえるでしょうか。

> **ねらい** 形が同じで大きさがちがう図形の性質を調べます。

> **考え方** 対応する辺の長さや角の大きさは、方眼を利用して調べます。

> **答え** | ⑦ （形も大きさも同じ）
>
> ⑭ （形は同じで大きさがちがう）
>
> ⑪ （形は同じで大きさがちがう）
>
> ① みさき…辺の 長さ や角の 大きさ に注目して比べる。
>
> （例）・対応する角の大きさが、それぞれ等しくなっている。
>
> ・対応する辺の長さの比は、どれも1:2で、等しくなっている。

② （角の大きさ） 対応する角の大きさはそれぞれ等しい。

（辺の長さ） AB：JK＝2：1
BC：KL＝2：1
CD：LM＝2：1
DA：MJ＝2：1

対応する辺の長さの比は、どれも2：1で等しい。

③ （角の大きさ） どこもちがっている。

（辺の長さ） ⑦…横の長さだけ⑦の2倍になっている。
⑦…縦の長さだけ⑦の2倍になっている。

⑦と⑦は、⑦の**拡大図ではない**。

6 拡大図と縮図

—— 練習 ——

教 p.91

⚠ ① 下の図で、㋚の三角形の拡大図、縮図になっているのはどれですか。
また、それは何倍の拡大図、何分の一の縮図ですか。

② 方眼を使って、㋤の正方形の2倍の拡大図、$\frac{1}{2}$の縮図をかきましょう。

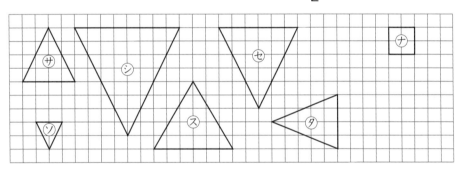

ねらい 拡大図、縮図の性質を利用して、拡大図、縮図を見つけます。

考え方 対応する辺の長さの比や対応する角の大きさを調べます。

答え ① ・㋛の三角形の辺の長さは、㋚の三角形の対応する辺の長さの
どれも2倍になっている。また、対応する角の大きさは
それぞれ等しくなっている。…**㋛の三角形は2倍の拡大図**

・㋜の三角形の辺の長さは、㋚の三角形の対応する辺の長さの
どれも1.5倍になっている。また、対応する角の大きさは
それぞれ等しくなっている。…**㋜の三角形は1.5倍の拡大図**

107

・⑦の三角形の辺の長さは、㉝の三角形の対応する辺の長さの

どれも $\frac{1}{2}$ になっている。また、対応する角の大きさは

それぞれ等しくなっている。…⑦の三角形は $\frac{1}{2}$ の縮図

②

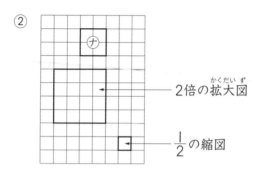

2倍の拡大図

$\frac{1}{2}$ の縮図

教 p.91

2 右の㊁の長方形は、㊢の長方形の
縦と横の長さを2cmずつ
長くしたものです。㊁は㊢の
拡大図といえるでしょうか。

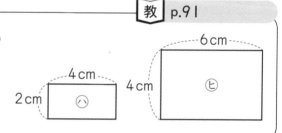

ねらい 長方形について、拡大図といえるかどうか調べます。

考え方 対応する辺の長さの比を調べます。

答え 縦の長さの比は、2：4＝1：2、横の長さの比は4：6＝2：3で、
対応する辺の長さの比がどちらも等しくはなっていないので、
拡大図とはいえない。

㊢の長方形と2倍の拡大図を並べて比べてみよう。

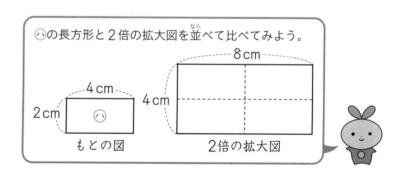

p.91

3 下の四角形EFGHは、四角形ABCDの2倍の拡大図です。

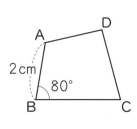

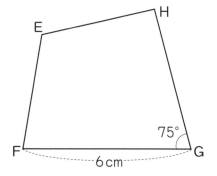

① 辺ABに対応する辺はどれですか。また、何cmですか。

② 角Bに対応する角はどれですか。また、何度ですか。

③ 四角形ABCDは、四角形EFGHの何分の一の縮図ですか。

④ 辺FGに対応する辺はどれですか。また、何cmですか。

⑤ 角Gに対応する角はどれですか。また、何度ですか。

6
拡大図と縮図

ねらい 拡大図や縮図で、対応する辺の長さや対応する角の大きさを求めます。

考え方 四角形EFGHは、四角形ABCDの2倍の拡大図だから、辺の長さは、四角形ABCDの対応する辺の長さの2倍になっています。

また、対応する角の大きさはそれぞれ等しくなっています。

③ 四角形EFGHの辺の長さをもとにすると、四角形ABCDの対応する辺の長さは何分の一になっているかを考えます。

答え ① 辺EF、4cm

② 角F、80°

③ 四角形ABCDの辺の長さは、四角形EFGHの対応する辺の長さの $\frac{1}{2}$ になるから、$\frac{1}{2}$ の縮図です。

④ 辺BC、3cm

⑤ 角C、75°

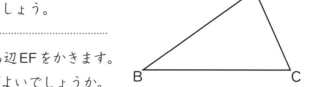

2 教科書92ページの三角形ABC を 2 倍に拡大した三角形DEF をかきましょう。

① はじめに、辺BC に対応する辺EF をかきます。

辺EF の長さは何cmにすればよいでしょうか。

② 次に、頂点A に対応する頂点D の位置は、どのようにして決めればよいでしょうか。

ねらい 三角形の拡大図のかき方を考えます。

考え方 ② 合同な三角形のかき方を参考にして考えます。

答え ②

9.2 cm

5.8 cm

35°

65°

10cm

E　　　　　　　　　　　　　　　　F

D

① 辺BC の長さは 5 cmだから、辺EF の長さは **10cm**

② （例）・辺AB の 2 倍の長さと角B の大きさで決める。

・角B と角C の大きさで決める。

・辺AB の 2 倍の長さと辺AC の 2 倍の長さで決める。

── 練習 ──

教 p.92

△4 右の三角形ABCの $\frac{1}{2}$ の縮図をかきましょう。

A

B   C

6
拡大図と縮図

ねらい ▷ 三角形の縮図をかきます。

考え方 ▷ 合同な三角形のかき方を参考にします。
次の辺の長さと角の大きさを使ってかきます。

・3つの辺の長さをそれぞれ $\frac{1}{2}$ にする。

・2つの辺の長さをそれぞれ $\frac{1}{2}$ にし、その間の角の大きさを調べる。

・1つの辺の長さを $\frac{1}{2}$ にし、その両はしの2つの角の大きさを調べる。

はじめに、辺BCに対応する辺の長さを決めます。

答え ▷

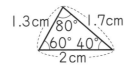

教 p.93

3 右の三角形GBHは、**2** の三角形ABCを
2倍に拡大したものです。三角形GBHの
かき方を考えましょう。

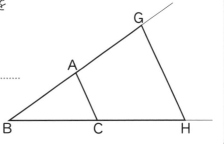

① 頂点G、頂点Hの位置は、
どのようにして決めたのでしょうか。

ねらい ▷ 1つの点を中心にした三角形の拡大図のかき方を考えます。

考え方 角Bは2つの三角形の共通の角で等しくなるから、角Bをつくっている2つの辺の長さだけ考えます。

答え 1 （例） 頂点Gは、辺BGの長さが辺BAの長さの2倍になるように決め、頂点Hは、辺BHの長さが辺BCの長さの2倍になるように決めた。

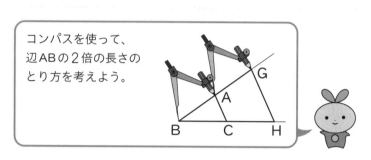

コンパスを使って、
辺ABの2倍の長さの
とり方を考えよう。

—— 練習 ——

教 p.93

5 教科書93ページの四角形ABCDの2倍の
拡大図と、$\frac{1}{2}$の縮図をかきましょう。

ねらい 1つの点を中心とした四角形の拡大図と縮図をかきます。

考え方 2倍の拡大図は、辺BA、辺BCと対角線BDをのばした直線の上で、それぞれの長さが2倍になるところに点をとってかきます。

答え 右の図

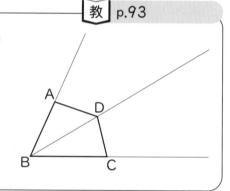

教 p.94

4 これまでに学習した下の表のそれぞれの図形について、必ず拡大図、縮図の関係になっているか調べましょう。

① 必ず拡大図、縮図の関係になっているものはどれですか。

ねらい　これまでに学習した図形について、拡大図、縮図の関係を調べます。

考え方　対応する角の大きさと、対応する辺の長さの比を調べます。

右の表で

〇…等しい

×…等しくない

答え　① 正三角形、正方形、正五角形、正六角形

	対応する角の大きさ	対応する辺の長さの比
二等辺三角形	×	×
正三角形	〇	〇
長方形	〇	×
正方形	〇	〇
平行四辺形	×	×
ひし形	×	〇
正五角形	〇	〇
正六角形	〇	〇

6

拡大図と縮図

◀ **教科書のまとめ** ▶ ……… テスト前にチェックしよう！

教 p.89〜94

□ ❶ **同じ形に見える図形の関係**

同じ形に見える図形どうしは、**対応する角の大きさがそれぞれ等しく、対応する辺の長さの比がどれも等しくなっている。**

□ ❷ **拡大図と縮図**

もとの図を、形を変えないで大きくした図を**拡大図**といい、形を変えないで小さくした図を**縮図**という。

拡大図や縮図は、対応する角の大きさがそれぞれ等しく、対応する辺の長さの比がどれも等しくなっている図である。

□ ❸ **拡大図と縮図のかき方**

合同のときと同じように、**全部の辺の長さや角の大きさを使わなくても**かける。

１つの点を中心にすると、辺の長さが何倍になっているかだけを考えればかける。

2 縮図の利用

1 右の図(省略)は、学校のまわりの縮図です。ABの実際の長さ300mを

3cmに縮めて表しています。

校門からポストまでの実際の道のりやきょりは何mですか。

① 縮めた割合を、分数で表しましょう。また、比で表しましょう。

② 縮図でBCの長さをはかり、BCの実際の長さを求めましょう。

また、校門からポストまでの実際の道のりは何mですか。

③ 校門からポストまでの実際のきょりを求めましょう。

ねらい 縮図を使って実際の長さを求める方法を考えます。

答え **1** 道のり…**700m**、きょり…**500m**

① 300m＝30000cmだから、縮めた割合は

分数…$\dfrac{3}{30000}＝\dfrac{1}{10000}$、比…3：30000＝1：10000

② 縮図でBCの長さは4cmあるから、BCの実際の長さは

4×10000＝40000で、40000cm＝400mだから

400m

校門からポストまでの実際の道のりは

300＋400＝700　だから　**700m**

③ 縮図でACの長さは5cmあるから、校門からポストまでのきょりは

5×10000＝50000で、50000cm＝500mだから

500m

―― 練習 ――

 右の縮図(省略)で、明石海峡大橋の実際の長さを求めましょう。

ねらい 縮図を利用して、実際の長さを求めます。

考え方 1kmが何cmに縮められているか縮尺を調べます。

答え 縮図で明石海峡大橋の長さをはかると4cmあります。

1cmが1kmにあたるから、実際の長さは**4km**

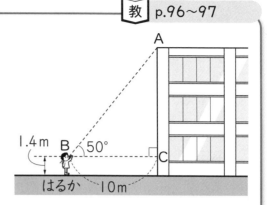

2 右の図は、はるかさんが校舎から
10mはなれたところに立って、
校舎の上はしAを見上げている
様子を表したものです。

　右の図の、校舎の実際の高さは
何mですか。

① 下の方法で、直角三角形ABCの$\frac{1}{200}$の縮図をかきましょう。

> (1) 実際のBCの長さをはかる。　　〈 上の問題では10m
>
> (2) (1)の$\frac{1}{200}$の長さを求め、対応する辺をかく。
>
> (3) 実際の角Bの大きさを、教科書
> 96ページのようにしてはかる。　　〈 上の問題では50°

② 右の図(省略)は、直角三角形ABCの$\frac{1}{200}$の縮図です。辺ACの長さを

はかりましょう。また、辺ACの実際の長さを、計算で求めましょう。

③ 校舎の実際の高さは何mですか。

6
拡大図と縮図

ねらい ▷ 直接はかることのできない長さを、縮図をかいて求める方法を
考えます。

考え方 ▷ ① 10m＝1000cmだから、縮図では、辺BCの長さは

$$1000 \times \frac{1}{200} = 5 \text{(cm)}$$

② 辺ACの実際の長さ＝縮図の辺ACの長さ×200

③ 校舎の実際の高さを求めるとき、はるかさんの目までの高さを
たすことを忘れないようにします。

答え ▷ **2** 約13.4m

① 省略

② 辺ACの長さ…**約6cm**

　辺ACの実際の長さ…6×200＝1200

　　　　　　　　　　1200cm＝12m　　　　答え　約12m

③ 12＋1.4＝13.4　　　　　　　　　　　答え　約13.4m

—— 練習 ——

2 下の図(省略)で、川はばAB（エービー）の実際の長さは何mですか。

$\dfrac{1}{500}$ の縮図をかいて求めましょう。

ねらい 直接はかることのできない長さを、縮図をかいて求めます。

考え方 20m＝2000cmだから、縮図では、辺BC（ビーシー）の長さは

$$2000 \times \dfrac{1}{500} = 4 (cm)$$

答え 縮図…右の図

川はばABの実際の長さは

3.4×500＝1700（cm）

だから

1700cm＝17m

答え　約17m

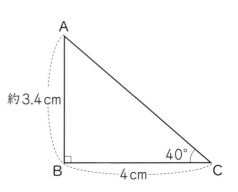

A

約3.4cm

B

4cm

40°

C

▶ **教科書のまとめ** ◀ ········ テスト前に チェックしよう！

☐ ❶ 縮尺

実際の長さを縮めた割合（わりあい）のことを、**縮尺**（しゅくしゃく）という。

縮尺には、下のような表し方がある。

㋐ $\dfrac{1}{10000}$　　　㋑ 1：10000　　　㋒ 0　100　200　300m

☐ ❷ 縮図を使った、実際の長さの求め方

実際にはかることが難しい（むずか）長さも、**縮図の長さをもとに、縮尺を使って**

求められる。

たしかめよう　教 p.98

1. 方眼を使って、下の平行四辺形ABCDの2倍の拡大図、$\frac{1}{2}$の縮図をかきましょう。

考え方　辺の長さは、方眼を利用して決めます。

答え

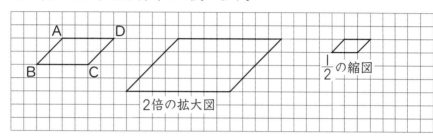

2. 下の三角形の$\frac{1}{3}$の縮図をかきましょう。

①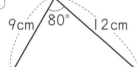

②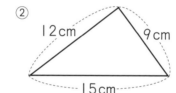

考え方　辺の長さを$\frac{1}{3}$にして縮図をかきます。

答え　省略

3. 右の地図(省略)で、東京から福岡の実際のきょりは何kmですか。

考え方　縮尺から、250kmが1cmに縮められていることがわかります。

答え　地図上ではかると、東京から福岡までのきょりは約3.5cmあるから

$$250 \times 3.5 = 875$$

答え　約875km

6

拡大図と縮図

つないでいこう **算数の目** ～大切な見方・考え方 [教] p.99

① 対応する辺や角など、部分に注目し、図形どうしの関係を調べる

答 え

① しほ…角A＝角E、角B＝角F、…。

対応する 角の大きさ がそれぞれ等しい。

辺ABの長さ：辺EFの長さ＝2：3、

辺BCの長さ：辺FGの長さ＝2：3、…。

対応する 辺の長さ の比がどれも2：3で等しい。

② 対応する角の大きさは等しい。

対応する辺の長さは等しい。

> 図形どうしの関係の特ちょうは、対応する辺の長さや角の大きさを調べると、はっきりするね。

データの調べ方
データの特ちょうを調べて判断しよう

優勝できそうかな？　📖 p.100〜101

あ　み…17回めの70回

はると…62回(3回め、12回め、16回め、18回め、21回め)、
　　　　61回(6回め、9回め、11回め)など、ほかにもあります。

り　く…62.2回

| いちばん多い回数 | 70 | 回 |
| いちばん少ない回数 | 55 | 回 |

▌1 問題の解決の進め方

📖 p.103

1 教科書102ページのデータから、1組、2組、3組の特ちょうを見つけて、長縄の8の字とびの大会でどこが優勝するか予想しましょう。

① はるととしほの考え方で比べると、どのクラスが優勝するか予想できますか。話し合ってみましょう。

② 1組、2組、3組それぞれの、とんだ回数の平均で比べてみましょう。

ねらい▶ データを比べるとき、どのような比べ方があるかを考えます。

答え▶ ① はると…いちばん多くとんだ回数どうしを比べて予想する。

　　　　　　1組…70回、2組…71回、3組…73回

　　　し　ほ…回数の合計で比べて予想する。

　　　　　　1組…1555回、2組…1483回、3組…1410回

　　　あ　み…いちばん多い回数で比べると3組だけど、いちばん
　　　　　　少ない回数で比べても3組だから、優勝するかどうかは、
　　　　　　どちらともいえない。

　　　こうた…記録の数がちがうから、回数の合計では比べられない。

② 　　1組…1555÷25＝62.2　　　62回
　　　　2組…1483÷24＝61.7…　　62回
　　　　3組…1410÷23＝61.3…　　61回
　　1組と2組の平均が62回となるが、3組と大きなちがいはない。

平均は $\frac{1}{10}$ の位で
四捨五入しよう

何をもとに考えるかで、
予想することが、
変わってくるね。

教 p.104〜105

2 　1組、2組、3組のとんだ回数は、それぞれどのようにちらばっているか調べ、どこが優勝するか予想しましょう。

① 　2組、3組のとんだ回数を、それぞれドットプロットに表しましょう。

② 　1組、2組、3組のうち、いちばん多い回数といちばん少ない回数の差が最も大きいのは何組ですか。

③ 　それぞれのドットプロットの、とんだ回数の平均値を表すところに、↑をかきましょう。

④ 　とんだ回数は、いつも平均値の近くに集まるといえますか。

⑤ 　2組、3組それぞれの、とんだ回数の最頻値をいいましょう。

ねらい 　ちらばりの様子を図に表して調べます。

答え 　①

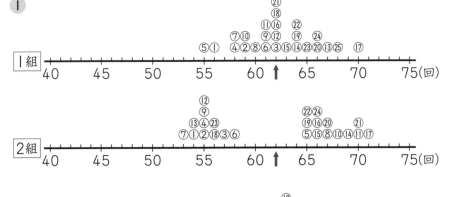

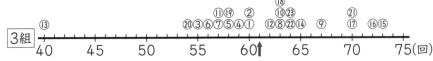

②
	1組	2組	3組
いちばん多い回数	70回	71回	73回
いちばん少ない回数	55回	53回	40回
（上の2つの回数の差）	15回	18回	33回

この差が最も大きいのは**3組**

③ ①のドットプロットの↑

④ とんだ回数は、1組は平均値の近くに集まっているが、2組は平均値の近くに集まっていない。

いつも平均値の近くに集まるとは**いえない**。

⑤ 2組…**55回**、3組…**63回**

教 p.106～107

3 1組、2組、3組のとんだ回数について、全体のちらばりの様子が数で見やすいように、表に整理しましょう。

① とんだ回数を5回ずつの区間に区切って、データを整理します。60回の記録は、どの区間に入りますか。

② それぞれの区間に入るデータの個数を、表に書きましょう。

③ 教科書106ページの1組の度数分布表で、階級の幅をいいましょう。また、度数が6個の階級をいいましょう。

④ 2組、3組のとんだ回数を、それぞれ度数分布表に表しましょう。

⑤ 1組、2組、3組で、55回以上60回未満の階級の度数を、それぞれいいましょう。

⑥ これまでに優勝したクラスがとんだ回数は、すべて65回以上でした。1組、2組、3組それぞれの、65回以上の度数の合計をいいましょう。また、その割合は、それぞれの全体の度数のおよそ何％ですか。

⑦ 3組の23個のデータのうち、とんだ回数の少ないほうから数えて6番め、12番め、18番めの記録は、それぞれどの階級に入りますか。

ねらい 3クラスのとんだ回数の全体のちらばりの様子を表にまとめ、表からいろいろなことを読み取ります。

考え方 ① 「以上」、「未満」のことばの意味は
60回以上…60回と等しいか、60回より多い
60回未満…60回より少ない（60回は入らない）
となります。

② 教科書104ページで表したドットプロットからデータの個数を
　求めることもできます。

⑥ 65回以上の度数の合計は65回以上70回未満の階級と
　70回以上75回未満の階級の度数の合計です。

⑦ 度数分布表から読み取ります。60回未満の階級の度数の合計は、
　1+1+7＝9だから、少ないほうから数えて、
　55回以上60回未満に3番めから9番めの記録が入っています。

答え

① 60回以上65回未満の区間

②　　　1組のとんだ回数

とんだ回数(回)	データの個数	
40以上〜45未満	0	
45　〜50	0	
50　〜55	0	
55　〜60	6	正一
60　〜65	13	正正下
65　〜70	5	正
70　〜75	1	一
合　計	25	

③ 階級の幅…**5回**

　度数が6個の階級…**55回以上60回未満の階級**

④

2組のとんだ回数

とんだ回数(回)	データの個数	
40以上〜45未満	0	
45　〜50	0	
50　〜55	3	下
55　〜60	8	正下
60　〜65	0	
65　〜70	10	正正
70　〜75	3	下
合　計	24	

3組のとんだ回数

とんだ回数(回)	データの個数	
40以上〜45未満	1	一
45　〜50	0	
50　〜55	1	一
55　〜60	7	正丁
60　〜65	8	正下
65　〜70	2	丁
70　〜75	4	正
合　計	23	

⑤　1組…**6個**　　2組…**8個**　　3組…**7個**

⑥　1組…5+1=6　　**6個**

　　　6÷25=0.24　　**24%**

　　2組…10+3=13　　**13個**

　　　13÷24=0.54…　　**約54%**

　　3組…2+4=6　　**6個**

　　　6÷23=0.260…　　**約26%**

⑦　6番め…**55回以上60回未満の階級**

　　12番め…**60回以上65回未満の階級**

　　18番め…**65回以上70回未満の階級**

7
データの調べ方

4　教科書106ページの度数分布表を、グラフに表します。

　このグラフを見て、1組、2組、3組のとんだ回数のちらばりの様子を調べましょう。

① 　ヒストグラムは、棒グラフとどこがちがうでしょうか。

② 　2組、3組のとんだ回数を、ヒストグラムに表しましょう。

③ 　ヒストグラムを見て、1組、2組、3組のちらばりの様子の特ちょうをいいましょう。

④ 　3組のとんだ回数で、40回のときを除いた場合の平均値を求めて、もとの平均値と比べてみましょう。

⑤ 　1組のとんだ回数の中央値をいいましょう。

⑥ 　2組、3組それぞれの、とんだ回数の中央値をいいましょう。

ねらい　度数分布表をグラフに表し、そのグラフから、いろいろなことを読み取ります。

考え方　⑥　データを小さい順に並べて考えます。2組のデータの個数は24個で偶数なので、中央にある2つの値の平均を中央値とします。

答え　①　(例)棒グラフは、種類ごとのデータの個数を表している。一方、ヒストグラムは、全体のちらばりの様子を表している。

　　　棒グラフは、データを並べかえることができたけど、ヒストグラムは、回数の少ない順になっているので、データを並べかえることはできない。

②

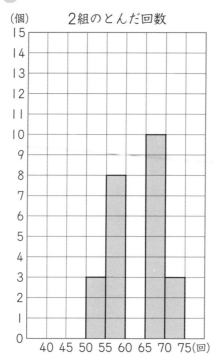

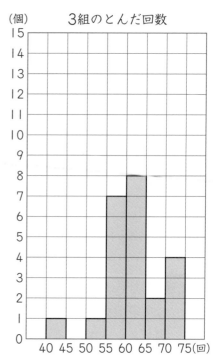

③ 1組…真ん中が高くなっている。右側にかたよっていてちらばり
　　が少ない。

　2組…左右に山がある2こぶの形をしている。

　3組…1つだけはなれたところにデータがある。それ以外の
　　　データのヒストグラムは、中ほどがへこんだ形になって
　　　いる。

④ 40回のときを除いた場合の平均値

　　（1410−40）÷（23−1）＝1370÷22＝62.2…　　62回

　もとの平均値61回より多くなっている。

⑤ データの個数が25個あるから、中央値は小さいほうから

　13番めの回数で　　62回

⑥ 2組…データを小さい順に並べると

　　　　53、54、54、55、55、55、55、56、56、57、

　　　　58、65、65、65、66、66、66、67、67、68、

　　　　69、70、70、71

　　　となる。データの個数が24個で偶数だから、中央値は

　　　小さいほうから12番めと13番めの回数の平均で

　　　　（ 65 ＋ 65 ）÷2＝65　　65回

3組…データを小さい順に並べると

40、54、55、56、57、57、58、58、59、60、

60、62、63、63、63、64、64、65、67、70、

70、72、73

となる。データの個数が23個だから、中央値は小さい

ほうから、12番めの回数で　　62回

※教科書104ページで表したドットプロットを利用しても

求めることができる。

教 p.112

5　1組、2組、3組のとんだ回数について、いろいろな比べ方とそれぞれの

結果を、教科書112ページの表に整理しましょう。

① 結果を表に書きましょう。

② あなたは、1組、2組、3組のどのクラスが優勝すると予想しますか。

ねらい　これまで調べた比べ方をもとにして自分の考えをもって、優勝する

クラスを予想します。

答え　①

	1組	2組	3組
いちばん多い回数	70回	71回	73回
いちばん少ない回数	55回	53回	40回
平均値	62回	62回	61回
最頻値	62回	55回	63回
中央値	62回	65回	62回
65回以上の度数の割合(%)	24%	54%	26%
度数分布表やヒストグラムで、最も度数が多い階級	60回以上65回未満の階級	65回以上70回未満の階級	60回以上65回未満の階級

2 優勝するクラスは、下のような理由でそれぞれ予想できる。

1組…データが高いほうに集まっていて、いちばん少ない回数が3クラスの中で最も大きく、記録のちらばり方が小さいので、大会でも同じような結果が出せそうであると予想できるから。

2組…65回以上の度数の割合が3つのクラスの中で最も大きく、多くとぶ回数が多いと予想できるから。

3組…いちばん多い回数や最頻値が3つのクラスの中で最も大きく、多い回数をとぶと予想できるから。

教 p.113

6 あなただったら、1組、2組、3組それぞれのクラスにどんな賞をつくりますか。

前のページの表や、ドットプロット、度数分布表、ヒストグラムなどをもとにして、賞をつくりましょう。

1 あなたがつくった賞を、教科書113ページの表に書きましょう。

ねらい▷ 3クラスのデータから、ほかのクラスよりよいところを見つけます。

答え ▶ 1 （例）

	賞の名前	その賞をつくった理由
1組	みんなといっしょにとべたで賞	いちばん多くとんだ回数と、いちばん少なくとんだ回数の差が最も小さかったから
2組	よくとべる人が多いで賞	中央値が最も大きく、65回以上の度数の割合が50%以上だから
3組	いちばん多くとべたで賞	練習のときに、いちばん多くとんだ回数が最も多いから

何をもとに考えたかを、はっきりさせないといけないね。

126

![教科書のまとめ] テスト前に
チェックしよう！　教 p.102〜113

- [ ] ❶ 平均値

  集団のデータの平均を、集団のデータの**平均値**という。

  いくつかの集団の特ちょうを比べるときに、**それぞれのデータの平均値を**
  使うことがある。

- [ ] ❷ ドットプロット

  数直線の上にデータをドット（点）で表した図を、**ドットプロット**という。

- [ ] ❸ 最頻値

  データの中で、最も多く出てくる値を**最頻値**という。

  最も多く出てくる値が複数ある場合、それらの値はすべて最頻値である。

  最頻値のことを、**モード**ともいう。

  ドットプロットに表すと、平均値を調べただけではわからない**ちらばりの**
  様子がわかりやすい。また、いくつかの集団の特ちょうを比べるときに、
  それぞれのデータの最頻値を使うことがある。

- [ ] ❹ 度数分布表

  階級…………データを整理するために用いる区間
  階級の幅……区間の幅
  度数…………それぞれの階級に入っているデータの個数
  度数分布表…データをいくつかの階級に分けて整理した表

- [ ] ❺ ヒストグラム

  右のようなグラフを、**ヒストグラム**という。
  ヒストグラムのことを、**柱状グラフ**ともいう。

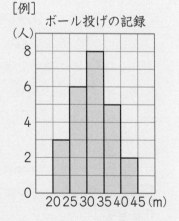

[例] ボール投げの記録

- [ ] ❻ 中央値

  データの値を大きさの順に並べたときの
  中央の値を、**中央値**という。

  大きくはずれた値があっても、中央値は
  変わりにくいことが多い。

  中央値は、**メジアン**ともいう。

- [ ] ❼ 代表値

  集団の特ちょうを調べたり伝えたりするとき、1つの値で代表させて
  それらを比べることがよくある。このような値を**代表値**という。

  平均値や最頻値、中央値は代表値である。

7

2 いろいろなグラフ

教 p.115

1 下のグラフについて調べましょう。

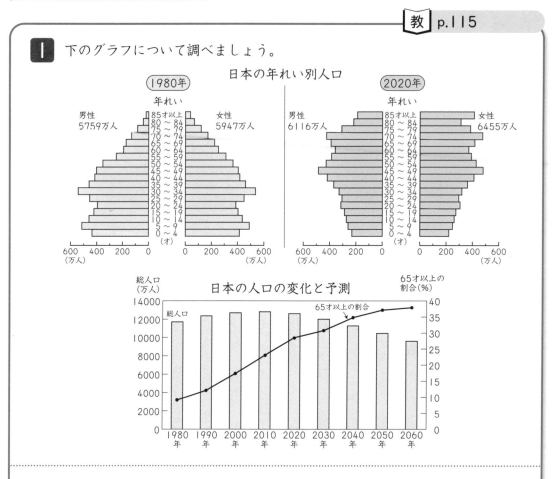

① 1980年と2020年の、年れい別の人口のちらばりの様子を比べて、どのようなことがわかりますか。

② 1980年の日本の総人口はおよそ何人ですか。また、総人口をもとにした65才以上の人口の割合は、およそ何%ですか。

③ 1980年から2060年にかけての、65才以上の割合の変化の様子を説明しましょう。

ねらい グラフを組み合わせて表し、そこからいろいろなことを読み取ります。

考え方 どのグラフから読み取ればよいか考えます。
① 「日本の年れい別人口」のグラフから読み取ります。
②、③ 65才以上の割合は、「日本の人口の変化と予測」のグラフから読み取ります。

答え ► ① （例） 1980年は、若い人の人口が多く、2020年は、高れい者の人口が多い。日本は少子化、高れい化しているといえる。

② 1980年の日本の総人口は、「日本の年れい別人口」のグラフから

5759＋5947＝11706（万人） **およそ1億1700万人**

65才以上の人口の割合は、「日本の人口の変化と予測」のグラフから **およそ10%**

③ 折れ線グラフは右上がりになっているので、65才以上の割合は**年々大きくなっている。**

ますりん通信 **いろいろなグラフ**

考え方 ► それぞれ、グラフのどこを読み取ればよいか考えます。

① ⑦の横の軸のめもりを読み取ればよい。

② 停車しているときは列車は進まないので、グラフは横の軸に平行になる。④の部分の長さを読み取ればよい。

③ ⑨の横の軸と縦の軸のめもりを読み取ればよい。

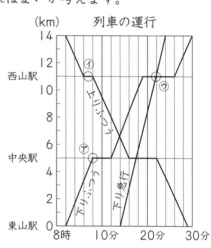

④ 下りのふつう列車が中央駅を出発する時刻は8時12分で、この時刻から4分後に上りのふつう列車は中央駅に着く。

① **8時8分**

② **2分間**

③ 位置…**西山駅** 時刻…**8時22分**

④ **4分間**

- -

① 3kg…**600円**

② 1.2kg…**500円**

③ 6kg…**700円**

 **ますりん通信** **全体の様子と一部の様子**

(0.51＋0.46＋0.47)÷3＝0.48

0.48×40×75＝1440

答え　約1440kg

たしかめよう

教 p.118〜119

⚠ 6年1組では、みんなの通学時間の様子を調べることになりました。下の表は、6年1組の人の片道(かたみち)の通学時間をまとめたものです。下の問題に答えましょう。

6年1組の人の片道の通学時間(分)

9	13	7	8	20	12	6	13	18	8	10	4
14	13	9	11	23	26	7	3	9	14	2	5

① ドットプロットに表しましょう。

② 平均値(へいきんち)、最頻値(さいひんち)、中央値を求めましょう。

③ 度数分布表に、人数を書きましょう。

④ いちばん度数が多いのは、どの階級ですか。

　また、その割合(わりあい)は、全体の度数の合計のおよそ何%ですか。

⑤ ヒストグラムに表しましょう。

⑥ ヒストグラムだけから求められるものには○を、求められないものには

　×を書きましょう。

　㋐　15分以上25分未満の人数　　（　　　）

　㋑　平均値　　　　　　　　　　（　　　）

　㋒　10分未満の人数の割合　　　（　　　）

答 え ▶ ①

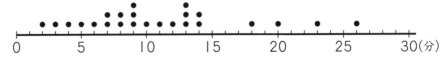

② 平均値

　　(9＋13＋7＋8＋20＋12＋6＋13＋18＋8＋10＋4＋14

　　＋13＋9＋11＋23＋26＋7＋3＋9＋14＋2＋5)÷24＝11

　　だから、平均値は**11分**

最頻値

　　ドットプロットから、最頻値は　9分、13分

中央値

　　データの個数が24個で偶数なので、中央値は小さいほうから

　　12番めと13番めの値の平均となる。ドットプロットから

　　12番めは9分、13番めは10分だから、中央値は**9.5分**

③　下の左の表

④　**5分以上10分未満の階級**

$$9 \div 24 = 0.3\overset{8}{7}\overset{\,}{5}$$
　　　　　　　　　　　　　　　　　　　　　　答え　約38%

⑤　下の右のグラフ

⑥　⑦…○

　　⑦…×

　　⑦…○

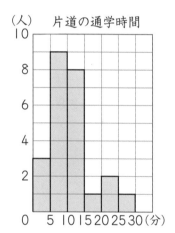

片道の通学時間

時間(分)	人数(人)
0以上〜　5未満	3
5　〜10	9
10　〜15	8
15　〜20	1
20　〜25	2
25　〜30	1
合　計	24

つないでいこう 算数の目 〜大切な見方・考え方　教 p.119

① 問題に注目し、解決のためにどんな分せきが必要か考える

⑦

［説明］　⑦…ほかの値と大きくはずれている値があるときは、平均値も変わってくる
　　　　　ので、平均値だけを調べることは正しくない。

　　　　⑦…データの特ちょうを調べる方法はいろいろあるので、何をもとに結論を
　　　　　出すかによって、結論がちがってくることがある。

7

データの調べ方

円の面積

8 円の面積の求め方を考えよう

円の大きさを比べるには？　　　　　　　　　　　教 p.120

答え

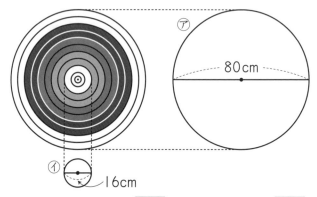

し　ほ…㋐の半径は $\boxed{40}$ cm、㋑の半径は $\boxed{8}$ cmだね。

みさき…円の大きさは、$\boxed{半径}$ の長さで決まるから…。

円の面積は、どうやって
求めるのかな。

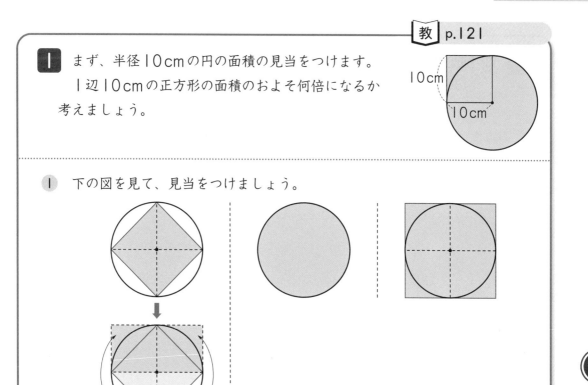

教 p.121

1 まず、半径10cmの円の面積の見当をつけます。
1辺10cmの正方形の面積のおよそ何倍になるか
考えましょう。

1 下の図を見て、見当をつけましょう。

ねらい 円の面積が半径の長さを1辺とする正方形の面積の何倍かを考えます。

答え 1 半径の長さを1辺とする
正方形を半分にした
二等辺三角形を4つ集めると、
円の中に正方形ができます。

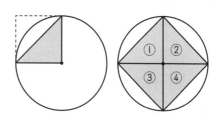

この正方形の面積は、半径
の長さを1辺とする正方形の2倍で、円の面積はそれより大きく
なっています。

また、半径の長さを1辺とする正方形を4つ
集めると、円の外に正方形ができます。

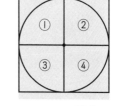

円の面積は、半径の長さを1辺とする正方形
の4倍より小さくなっています。

あみ…円の面積は、**半径の長さを1辺とする正方形の面積の**2**倍
より大きく、**4**倍より小さいこと**がわかるね。

2 円の面積の見当を、くわしくつける方法を考えましょう。

① 2人の求め方で、半径10cmの円の面積は、1辺10cmの正方形の面積のおよそ何倍ですか。

ねらい 方眼の数を数えるなどの方法で、円のおよその面積を考えます。

考え方 みさき

1めもりが1cmの方眼に、半径が10cmの円の $\frac{1}{4}$ をかきます。円の内側にすっかり入っている方眼の面積を1cm²、この円周にかかっている方眼の面積を1cm²の半分と考えて、円の $\frac{1}{4}$ の面積を求め、それを4倍すれば、円のおよその面積が求められます。

はると

半径10cmの円の中に16この同じ二等辺三角形をつくります。その1つの三角形の底辺と高さをはかって面積を求めて、それを16倍すれば、円のおよその面積が求められます。

答え みさき

■は 69 こ… 69 cm²

■は 17 こ、この面積は　半分と考えて… 8.5 cm² 　 77.5 cm²

円の面積は、 77.5 ×4= 310 　　　　　答え　約 310 cm²

はると

・1つの三角形

底辺… 3.9 cm

高さ… 9.8 cm

面積… 3.9 × 9.8 ÷2= 19.11

・円の面積

19.11 ×16= 305.76 　　　　　答え　約 306 cm²

① 1辺10cmの正方形の面積は10×10＝100(cm²)だから

みさきの求め方…**約3.1倍**

はるとの求め方…**約3.06倍**

3 円の面積を求める公式を考えましょう。

① 円をどんどん細かく等分して
いくと、並べかえた形はどんな形に
近づいていきますか。

② 並べかえた形を長方形とみます。
右の図の㋐(縦)、㋑(横)の長さは、円
のどの部分の長さと等しくなりますか。

③ 教科書125ページの公式を使って、
半径が10cmの円の面積を求めま
しょう。

　また、教科書120ページの㋐、㋑
の円の面積を求めましょう。

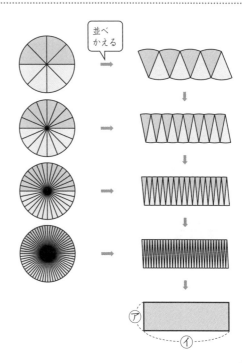

並べ
かえる

8
円の面積

ねらい ▷ 円の面積を求める公式を考えます。

考え方 ◦ ③ 円の面積＝半径×半径×円周率　の公式を利用します。

答え ▶ ① 長方形

② ㋐…半径、㋑…円周の半分の長さ

③ 10×10×3.14＝314　　　　　　　　答え　314cm²

　㋐の面積…40×40×3.14＝5024　　　答え　5024cm²

　㋑の面積…8×8×3.14＝200.96　　　答え　200.96cm²

──── 練習 ────

教 p.125

⚠1 下の図形の面積を求めましょう。

①

②

③

④ 8cm

ねらい 公式を利用して、円の面積を求めます。

考え方 ③は円の $\frac{1}{2}$、④は円の $\frac{1}{4}$ です。

②では直径が10cmであることに注意します。

答え

① 3×3×3.14＝28.26 　　　　　答え **28.26cm²**

② 5×5×3.14＝78.5 　　　　　答え **78.5cm²**

③ 4×4×3.14÷2＝25.12 　　　　答え **25.12cm²**

④ 8×8×3.14÷4＝50.24 　　　　答え **50.24cm²**

教 p.125

⚠2 色をぬった部分の面積を求めましょう。

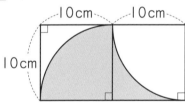

ねらい 円をふくむ図形の面積をくふうして求めます。

考え方 右の図で、⑦と④の部分の面積は等しくなります。

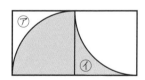

答え 右上の図で、④の部分を⑦にうつすと、全体の形は、1辺が10cmの正方形となるので、面積は

　　　10×10＝100 　　　　　　答え **100cm²**

4 右の図で、色をぬった部分の面積の求め方を
考えましょう。

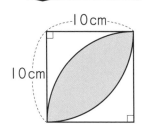

① この図形は、どのような形といえますか。

② こうたさんの考えを見て、下の3つの図形の面積を求めましょう。

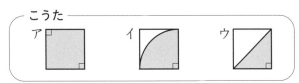

③ 下の3人の考えの中で、自分の考えと似ているものはありますか。
似ているところを説明しましょう。

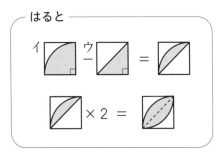

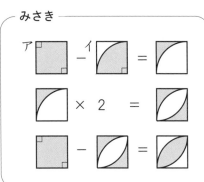

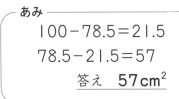

あみ
100−78.5＝21.5
78.5−21.5＝57
　　答え　57cm²

④ 上の3人の考えの中で、自分の考えとはちがう考えを読み取って、
説明しましょう。

⑤　りくさんは、下のように考えたのですが、答えが合わずに困っています。
　この考えを生かして、正しい答えを求めるために、どこをなおせばよい
　でしょうか。

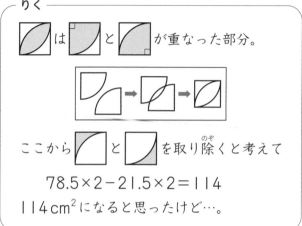

りく

■ は ■ と ■ が重なった部分。

ここから ■ と ■ を取り除くと考えて

$78.5 \times 2 - 21.5 \times 2 = 114$

$114 \, cm^2$ になると思ったけど…。

⑥　■ のような部分の面積を求めるとき、大切なのはどのような考えですか。

ねらい　円をふくむ図形の面積の求め方を考えます。

答え

❶　**あ　み**…円を4等分した形が重なっている。

　　はると…線対称な図形になっている。

❷　**ア**…1辺10cmの正方形

　　　だから　$10 \times 10 = 100 \,(cm^2)$

　　イ…半径10cmの円の $\frac{1}{4}$

　　　だから　$10 \times 10 \times 3.14 \div 4 = 78.5 \,(cm^2)$

　　ウ…底辺10cm、高さ10cmの直角三角形

　　　だから　$10 \times 10 \div 2 = 50 \,(cm^2)$

❸　(自分の考えと似ているところは省略)

　　はるとの考え

　　円の $\frac{1}{4}$ の面積から直角三角形の面積をひいて、色をぬった部分

　　の面積の $\frac{1}{2}$ を求め、それを2倍している。

　　　$78.5 - 50 = 28.5$　だから、$28.5 \times 2 = 57$

　　みさきの考え

　　正方形の面積から円の $\frac{1}{4}$ の面積をひいて、色をぬっていない

　　部分の $\frac{1}{2}$ の面積を求めると　　$100 - 78.5 = 21.5$

次に、それを2倍して色をぬっていない部分の面積を求めると

$21.5×2=43$

その面積を正方形の面積からひいている。

$100-43=57$

あみの考え

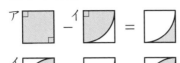

正方形の面積から円の $\frac{1}{4}$ の面積

をひいて、色をぬっていない部分の

$\frac{1}{2}$ の面積を求める。

$100-78.5=21.5$

この面積を円の $\frac{1}{4}$ の面積から

ひいている。

$78.5-21.5=57$

④ 省略

⑤ 求める面積の2つ分の面積を求めていたので、$114÷2=57$と

すればよい。

⑥ (例) 面積がわかっている形を組み合わせて、たしたりひいたり

して面積を求める。

—— 練習 ——

教 p.129

③ 色をぬった部分の面積を求めましょう。

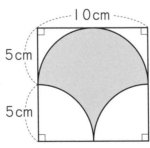

ねらい 円をふくむ図形の面積をくふうして求めます。

考え方 図形を上下半分に分けて、下の半分を右の図のように
並（なら）べかえると、色をぬった部分の面積は、長方形の

面積から円の面積の $\frac{1}{2}$ をひけば求められることがわかります。

答 え　上の半分の面積は

$$5×5×3.14÷2＝39.25$$

下の半分の面積は

$$5×10−5×5×3.14÷2＝10.75$$

求める図形の面積は

$$39.25＋10.75＝50$$

答え　**50cm²**

> 下の半分を並べかえて、上の半分の色をぬっていない部分にうつすと、図形は縦が5cm、横が10cmの長方形となるので、面積は5×10＝50（cm²）と求めることもできる。

．．．．．．
教科書のまとめ　　テスト前に
チェックしよう！　　教 p.121〜129
．．．．．．

☐ ❶ **円の面積を求める公式**

円の面積は、下の公式で求められる。

円の面積＝半径×半径×円周率

☐ ❷ **円をふくむ図形の面積の求め方**

のような部分の面積も、 などの**面積が求められる**

図形の組み合わせ方を考えれば求めることができる。

いかしてみよう
教 p.130

 まさしさんは、1人分のピザを作りました。

下は、1人分のピザを作るのに必要な材料です（省略）。

1人分のピザと同じ厚さで、直径が2倍のピザを作ります。

❶　直径は何cmになりますか。

❷　直径20cmのピザの面積は、1人分のピザの面積の何倍になりますか。

❸　あみさんは、❷の問題で計算の答えを求めずに、何倍になるかを考えました。
あみさんの考えを説明しましょう。

❹　直径20cmのピザを作るのに必要な小麦粉の量を求めましょう。

答え ● ① $\boxed{20}$ cm

② 1人分のピザの面積　$\boxed{5}$ × $\boxed{5}$ ×3.14＝$\boxed{78.5}$（cm²）

　直径20cmのピザの面積 $\boxed{10}$ × $\boxed{10}$ ×3.14＝$\boxed{314}$（cm²）

　まさし…直径20cmのピザは、だいたい $\boxed{4}$ 人分くらいかな。

③ 円の面積を求めるときに、半径は2回かけるので、半径が2倍に
なると、面積は2×2＝4で4倍になる。

④ 厚さが同じで面積が4倍だから、必要な小麦粉の量も4倍になる。

　　25×4＝100　　　　　　　　　　　答え　100g

たしかめよう

教 p.131

△1 円周率を3.14としたとき、半径10cmの円について、次の①、②を
表す式を、下の㋐〜㋒の中から選びましょう。

① 円周の長さ　　② 円の面積

㋐ 10×3.14　　㋑ 10×2×3.14　　㋒ 10×10×3.14

答え ● ① 円周の長さ＝直径×円周率　で、直径＝半径×2　だから　㋑

② ㋒

△2 下の図形の面積とまわりの長さを求めましょう。

①

7cm

②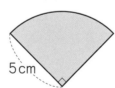

5cm

考え方 ② 円の $\frac{1}{4}$ の大きさです。まわりの長さには、2つの半径の長さも
ふくまれます。

答え ① 面積　7×7×3.14＝153.86　　　　答え　153.86cm²

まわりの長さ　7×2×3.14＝43.96　　　答え　43.96cm

② 面積　5×5×3.14÷4＝19.625　　　答え　19.625cm²

まわりの長さ　5×2×3.14÷4＋5×2＝17.85

答え　17.85cm

⚠3　色をぬった部分の面積とまわりの長さを求めましょう。

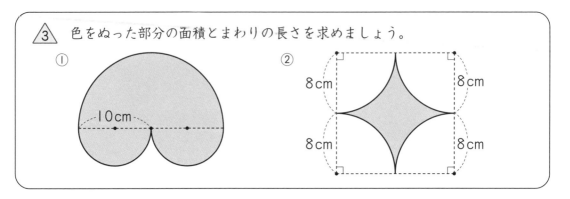

① 半径10cmの半円（円の半分）と直径10cmの2つの半円を
組み合わせた図形です。

② 色をぬった部分を、右の図のようにうつし
ます。できる正方形の1辺の長さは16cm
になります。まわりの長さは、半径8cmの
円の円周の長さと同じになります。

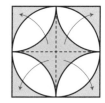

答え ① 面積　半径10cmの半円の面積と直径10cmの半円2つ分の
面積（直径10cmの円の面積）を合わせて
10×10×3.14÷2＋5×5×3.14＝235.5

答え　235.5cm²

まわりの長さ　10×2×3.14÷2＋10×3.14＝62.8

答え　62.8cm

② 面積　1辺16cmの正方形の面積から半径8cmの円の面積を
ひいて
16×16－8×8×3.14＝55.04

答え　55.04cm²

まわりの長さ　8×2×3.14＝50.24　　　答え　50.24cm

4 ⑦の円の円周の長さは、⑦の円の
円周の長さの何倍ですか。
　また、⑦の円の面積は、⑦の円の
面積の何倍ですか。

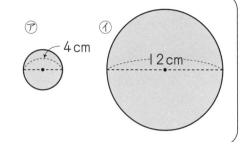

考え方 円周の長さ

　　　　直径4cmの円の円周の長さ　　　　　　4×3.14

　　　　　　　　　　　　　　　　　　　　　　　↓×3

　　　　直径12cmの円の円周の長さ　　　　　12×3.14

　　円の面積

　　　　直径4cmの円の面積　　　　　　　2 × 　2 × 　3.14

　　　　　　　　　　　　　　　　　　　　↓×3　↓×3

　　　　直径12cmの円の面積　　　　　　6 × 　6 × 　3.14

答　え 円周の長さ…直径が3倍になっているから、円周の長さも**3倍**になる。

円の面積……半径が3倍になっているから、円の面積は3×3＝9で

　　　　　　9倍になる。

注　意 ・円周の長さは、円の半径(直径)に比例しています。

・円の面積は、円の半径(直径)が、2倍になると4(＝2×2)倍に、

　3倍になると9(＝3×3)倍になります。

8

円の面積

つないでいこう 算数の目 〜大切な見方・考え方 教 p.132

① 公式をふり返り、円の面積と正方形の面積の関係を考える

りく…円の面積＝半径×半径× 3.14

円の面積は、その円の半径の長さを1辺とする正方形の面積のおよそ 3.14 倍です。

どちらの ◻ にも数が入ります。

② 図形の面積を、面積の求め方がわかる形をもとにして考える

面積がすぐに求められる部分

　　1辺30cmの正方形の部分

　　半径が10cmの円の部分（色をぬっていない部分）

面積

だから、面積は

$$30×30−10×10×3.14＝586$$

答え **586cm²**

おぼえているかな？ 教 p.133

---

１ 下の㋐〜㋔の中で、4:3と等しい比はどれですか。

㋐ 0.4:0.03　　㋑ 16:9　　㋒ 28:21　　㋓ $\frac{2}{5}:\frac{3}{10}$　　㋔ $\frac{4}{3}:\frac{3}{5}$

考え方 比の値が等しいとき、それらの比は等しいといいます。

答え 4:3の比の値は、4:3 → $\frac{4}{3}$

㋐〜㋔の比の値を求めると、

㋐ 0.4:0.03 → $\frac{40}{3}$　　　㋑ 16:9 → $\frac{16}{9}$

㋒ 28:21 → $\frac{\overset{4}{28}}{\underset{3}{21}} = \frac{4}{3}$　　　㋓ $\frac{2}{5}:\frac{3}{10} = \frac{4}{10}:\frac{3}{10} = 4:3 → \frac{4}{3}$

㋔ $\dfrac{4}{3} : \dfrac{3}{5} = \dfrac{20}{15} : \dfrac{9}{15} = 20 : 9 \rightarrow \dfrac{20}{9}$

だから、4：3と等しい比は　　㋒、㋓

㋐～㋔を簡単な整数の比になおして考えてもよい。

㋐　0.4：0.03＝40：3　　㋑　16：9

㋒　28：21＝4：3　　㋓　$\dfrac{2}{5} : \dfrac{3}{10} = \dfrac{4}{10} : \dfrac{3}{10} = 4 : 3$

㋔　$\dfrac{4}{3} : \dfrac{3}{5} = \dfrac{20}{15} : \dfrac{9}{15} = 20 : 9$

---

2 8冊で1000円のノートと、6冊で780円のノートがあります。
1冊あたりの値段が安いのはどちらですか。

答　え　1冊あたりの値段を求めると

8冊で1000円のノート　　　　　1000÷8＝125（円）

6冊で780円のノート　　　　　　780÷6＝130（円）

答え　**8冊で1000円のノート**

3　右の表は、あつしさんの学級で、先週、
図書館から本を借りた人数を表しています。
本を借りた人数は、1日に平均何人ですか。

本を借りた人数

曜日	月	火	水	木	金
人数(人)	12	6	0	14	10

考え方　平均＝合計÷個数で求めます。個数には、人数が0人のときも
ふくめて考えます。

答　え　(12＋6＋0＋14＋10)÷5＝8.4　　　　　答え　**8.4人**

4 下の図形の面積を求めましょう。

① 三角形

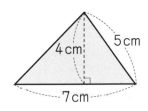

② 台形

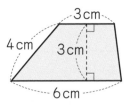

③

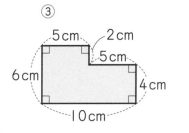

考え方

① 三角形の面積＝底辺×高さ÷2

② 台形の面積＝(上底＋下底)×高さ÷2

③ いくつかの長方形に分けたり、長方形をうつしたりして求めます。

答え

① 7×4÷2＝14　　　　　　　　　　　　　　答え　14cm²

② (3＋6)×3÷2＝13.5　　　　　　　　　　答え　13.5cm²

③ 左と右の2つの長方形に分ける。

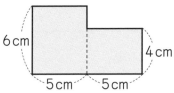

6×5＋4×5＝30＋20＝50

答え　50cm²

上と下の2つの長方形に分ける。

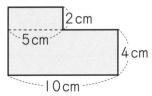

2×5＋4×10＝10＋40＝50

答え　50cm²

下のように長方形をうつして、長方形をつくる。

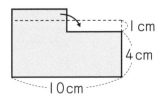

(1＋4)×10＝5×10＝50

答え　50cm²

(2＋4)×10－2×5＝60－10＝50
として、計算して求めることもできるね。

5 下の立方体や直方体の体積を求めましょう。

①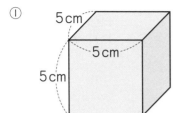

②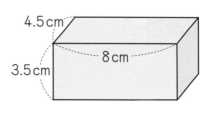

考え方 ① 立方体の体積＝１辺×１辺×１辺

② 直方体の体積＝縦×横×高さ

答　え ① $5 \times 5 \times 5 = 125$ 　　　　答え　$125 \, \text{cm}^3$

② $4.5 \times 8 \times 3.5 = 126$ 　　　答え　$126 \, \text{cm}^3$

$4.5 \times 8 \times 3.5$ の計算は、下のようにするとよい。

$$4.5 \times 8 \times 3.5 = 4.5 \times (2 \times 2 \times 2) \times 3.5$$
$$= (4.5 \times 2) \times 2 \times (3.5 \times 2)$$
$$= 9 \times 2 \times 7$$
$$= 126$$

数と計算で
あそぼう

たし算パズル

教 p.133

答 え

① ㋐…$\dfrac{3}{2}$ $\left(1\dfrac{1}{2}\right)$　　　㋑…$\dfrac{1}{10}$　　㋒…$\dfrac{19}{10}$ $\left(1\dfrac{9}{10}\right)$

　 ㋓…$\dfrac{7}{5}$ $\left(1\dfrac{2}{5}\right)$　　　㋔…$\dfrac{1}{2}$

② ㋕…$\dfrac{5}{6}$　　　　　　　　㋖…$\dfrac{11}{12}$　　㋗…$\dfrac{2}{3}$

　 ㋘…$\dfrac{13}{12}$ $\left(1\dfrac{1}{12}\right)$　　　㋙…$\dfrac{5}{12}$

[説明]　①　3つの数の和は　$0.9+1+\dfrac{11}{10}=\dfrac{9}{10}+1+\dfrac{11}{10}=3$

　　　　すべての数を、分母が10の分数になおして、分子の和
　　　が30になるように考える。

　　　　約分ができるときは、約分して答える。

　　　　また、$\dfrac{11}{10}=1.1$として、㋐〜㋔に入る小数を求めて、

　　　それを分数で表してもよい。

　　②　3つの数の和は　$0.25+\dfrac{5}{4}+0.5=\dfrac{1}{4}+\dfrac{5}{4}+\dfrac{2}{4}=2$

　　　　すべての数を、分母が12の分数になおして、分子の和
　　　が24になるように考える。

　　　　約分ができるときは、約分して答える。

角柱と円柱の体積

⑨ 角柱と円柱の体積の求め方を考えよう

> **角柱、円柱について学習したことは？** p.134

みさき…底面の図形に注目すると、⑦は四角柱、①は 三角柱 です。

し　ほ…角柱、円柱の高さは、底面に垂直な直線で、2つの底面にはさまれた部分の
長さです。

⑦の角柱の高さは 6 cm、①、⑦の高さは、それぞれ6 cm、4 cm です。

教 p.135〜136

Ⅰ 右の図の⑦の四角柱の体積の求め方を
考えましょう。

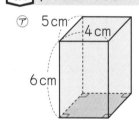

① ⑦の四角柱の体積を、直方体の体積の公式を使って求めましょう。

② 高さ1 cmの四角柱の体積を表す数と、底面の面積を表す数を比べましょう。

③ Ⅰで体積を求めた式を、底面積を使って見なおしましょう。

④ 右の立方体の体積も、底面積×高さ の
式で求めることができますか。

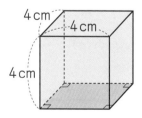

| ねらい | 直方体の体積を底面積を使って見なおし、四角柱の体積の求め方を
考えます。 |

| 考え方 | ③ 底面の面積を、底面積といいます。
④ 立方体も四角柱のなかまです。 |

答え ① 縦（たて）横 高さ 体積

$$\boxed{5} \times \boxed{4} \times \boxed{6} = \boxed{120} \, (\text{cm}^3)$$

②

$\boxed{20}$ cm³　$\boxed{20}$ cm²

どちらも同じ数になっている。
（ただし、単位はちがっている）

③ 縦 横 高さ 体積

$$5 \times 4 \times 6 = 120 \, (\text{cm}^3)$$

底面積

四角柱の体積は、

　　底面積×高さ

の式で求められる。

④ こうた

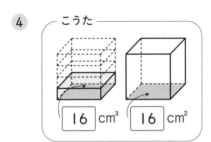

$\boxed{16}$ cm³　$\boxed{16}$ cm²

$$4 \times 4 \times 4 = 64 \, (\text{cm}^3)$$

底面積 高さ 体積

立方体の体積も

　　底面積×高さ

の式で**求められる。**

教 p.136〜137

2 右の図の㋑の三角柱の体積の求め方を考えましょう。

① 教科書136ページの2人の式を比べて、三角柱の体積も 底面積×高さ の式で求めることができるか考えましょう。

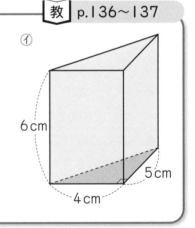

㋑

6cm

5cm

4cm

ねらい 三角柱の体積の求め方を考え、角柱の体積を求める公式をつくります。

答え **2**

みさき

四角柱の半分の体積とみている。

$$5 \times 4 \times 6 \div 2 = \boxed{60} \, (\text{cm}^3)$$

はると

三角柱の場合も、高さ1cmの三角柱の体積を表す数と、底面積を表す数は等しくなると考えている。

10 cm³ 10 cm²

$4×5÷2×6=$ 60 (cm^3)

1 三角柱の体積も　底面積×高さ　の式で求められる。

〔みさき〕 $5×4×6÷2=$ 60 (cm^3)

〔はると〕 $4×5÷2×6=$ 60 (cm^3)
　　　　　└─底面積─┘ └高さ┘

── 練習 ──────

教 p.137

△1 下の角柱の体積を求めましょう。

①
4cm
6cm
5cm

②
5cm
8cm
2cm　5cm
6cm

ねらい　角柱の体積を、公式にあてはめて求めます。

考え方　角柱の体積＝底面積×高さ　にあてはめて求めます。

答え　① $6×4÷2×5=60$ 　　　　　　　　答え　60cm³

　　　② $(5+2+5)×8÷2×6=288$ 　　　答え　288cm³

9
角柱と円柱の体積

3 右の図の⑦の円柱の体積の求め方を考えましょう。

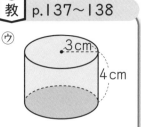

⑦

3cm

4cm

1 下の図を見て、⑦の円柱の体積の求め方を考えましょう。

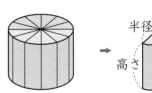

円周の半分の長さ

半径

高さ

2 ⑦の円柱に、底面積×高さ の式をあてはめると、どんな式になりますか。

ねらい 円柱の体積も、底面積×高さ の式で求めることができるか考えます。

考え方 1 円の面積を考えたときと同じように、矢印の右の立体の底面の形を、縦が半径、横が円周の半分の長さの長方形と考えます。

答え 1 矢印の右の立体を直方体と考えると、縦は半径、横は円周の半分の長さと考えられるから、体積は 縦×横×高さ の公式から

$$3×3×2×3.14÷2×4=\boxed{113.04}(cm^3)$$

半径　　円周の半分の長さ　　高さ

2 $3×3×3.14×4=\boxed{113.04}(cm^3)$

底面積　高さ

--- 練習 ---

2 右の円柱の体積を求めましょう。

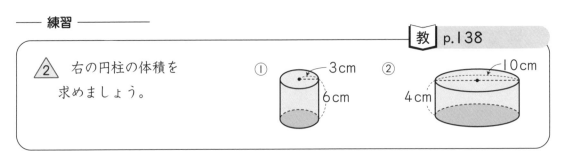

① 3cm

6cm

② 10cm

4cm

ねらい 円柱の体積を、公式にあてはめて求めます。

考え方 円柱の体積＝底面積×高さ の式にあてはめて求めます。

答え ① $3×3×3.14×6=169.56$ 答え **169.56cm³**

② $5×5×3.14×4=314$ 答え **314cm³**

3 右の三角柱の体積は50cm³ です。この三角柱の高さを
求めましょう。

ねらい 体積と底面積から、立体の高さを求めます。

考え方 高さは　角柱の体積÷底面積　の式で求めることができます。

答え　$50÷(4×5÷2)=50÷10$
$=5$　　　　　　　　　　　　　　　　答え　**5cm**

高さを x cm として、体積を求める公式にあてはめて
$(4×5÷2)×x=50$
$10×x=50$
$x=50÷10$
$=5$

9 角柱と円柱の体積

4 右の図のような立体の体積の求め方を
考えましょう。

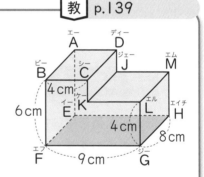

① 底面積×高さ　の式にあてはめるには、
どの面を底面とみるとよいでしょうか。

② 底面積×高さ　の式にあてはめて、体積を
求めてみましょう。

③ ②で求めた体積は、5年のときに学習した方法で求めた体積と等しいですか。

ねらい 直方体を組み合わせた立体を角柱とみて、底面積×高さ　の式を
使って体積を求めます。

考え方 ③ こうた…5年のときは、2つの 直方体 に分けた。

答え ① 面BFGLKC（面AEHMJD）

② 底面積は　　$6×4+4×(9-4)=24+20=44$
体積は　　　$44×8=352$　　　　　　　　　答え　**352cm³**

③ （例）　こうたの考えで、左と右の直方体に分けると
$8×4×6+8×(9-4)×4=192+160=352(cm³)$
となり、**体積は等しくなる**。

―― 練習 ――

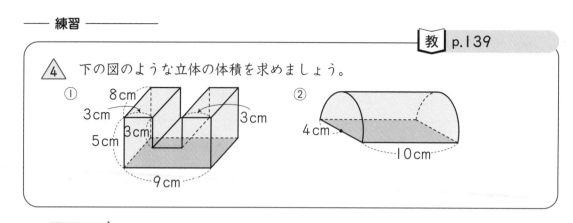

4 下の図のような立体の体積を求めましょう。

① 8cm 3cm 3cm 3cm 5cm 9cm

② 4cm 10cm

ねらい 底面積×高さ の式を使って、立体の体積を求めます。

考え方 底面積×高さ の式を使います。

どの面を底面とみるかを考えます。

答 え ① ⌐_⌐ の面を底面と考える。

$(5×9-3×3)×8=288$　　　　答え **288cm³**

② 半円の面を底面と考える。

$(4×4×3.14÷2)×10=251.2$　　答え **251.2cm³**

◀ **教科書のまとめ** ▸ ⋯⋯ テスト前に チェックしよう！ 　　教 p.135〜139

□ ❶ **底面積を用いた四角柱の体積の求め方**

底面の面積を、**底面積**という。

四角柱の体積は、底面積×高さ の式で求めることができる。

直方体の体積を求める公式の、縦×横 を底面積とみることができる。

□ ❷ **角柱と円柱の体積の求め方**

角柱、円柱の体積は、下の公式で求めることができる。

角柱、円柱の体積＝底面積×高さ

角柱、円柱の体積は、同じ公式で求められる。

□ ❸ **直方体を組み合わせた立体の体積の求め方**

のような立体の体積も、**角柱とみれば**、底面積×高さ の式で

求めることができる。

どの面を底面とみることができるか考える。

たしかめよう

教 p.140

下の角柱や円柱の体積を求めましょう。

①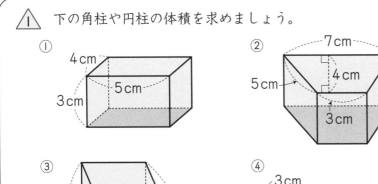

②

③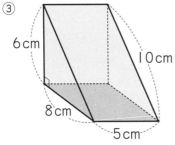

④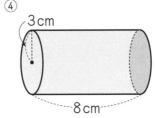

考え方 ③ 三角柱 ④ 円柱

答え
① $4×5×3=60$ 　　　　　　　　　　答え　**60cm³**
② $(7+3)×4÷2×3=60$ 　　　　　答え　**60cm³**
③ $6×8÷2×5=120$ 　　　　　　　答え　**120cm³**
④ $3×3×3.14×8=226.08$ 　　　答え　**226.08cm³**

2 右の図のような立体の体積を、
底面積×高さ の式を使って求めましょう。

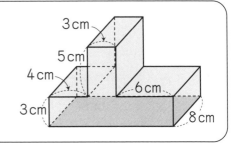

考え方 の面を底面と考えます。

答え $(5×3+3×13)×8=432$ 　　　　答え　**432cm³**

③ 右の㋐の三角柱の
体積を求めましょう。
　また、この三角柱の
体積と等しくなるように、
㋑の四角柱を作ります。
㋑の四角柱の高さは
何cmにすればよい
でしょうか。

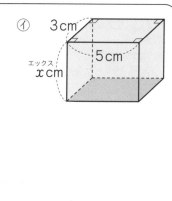

答え

㋐の体積　$3×4÷2×10=60$　　　　　　　答え　$60cm^3$

㋑の高さ　四角柱の高さを$x$cmとすると

$$3×5×x=60$$
$$15×x=60$$
$$x=60÷15$$
$$=4$$
　　　　　　　　　　　　　　　　　　　答え　$4cm$

つないでいこう 算数の目 〜大切な見方・考え方　教 p.141

① 公式をふり返り、意味を見なおして体積の求め方をまとめる

考え方　③　高さのほか、底面積、すなわち円の面積を求めるには何がわかれば
　　　　　　よいかを考えます。

① 縦×横　の部分

② こうた…底面が三角形の三角柱です。
　　　　　高さ1cmの三角柱の体積を表す数と、
　　　　　底面積を表す数は等しいので、
　　　　　底面積×高さ　の式で体積を求める
　　　　　ことができます。

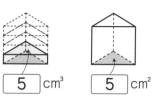

③ 底面の半径と高さ、底面の直径と高さ、底面の周の長さと高さ　など

> 角柱と円柱の体積は、
> 同じ公式で求められることが
> わかったね。

およその面積と体積

⑩ およその面積と体積を求めよう

教 p.142

❙ 東京ドームの面積の求め方を考えましょう。

① 東京ドームを真上から見ると、およそどんな形とみられますか。

② 東京ドームを正方形とみて、およその面積を求めましょう。

ねらい 身のまわりにあるものを、面積の求め方がわかっている図形とみて、およその面積を求めます。

答え ① 正方形

② 式 220×220＝48400　　　　答え 約 48400 m²

注意! 東京ドームの実際の面積は、46755 m² です。

── 練習 ──

教 p.143

⚠ およその面積を求めましょう。

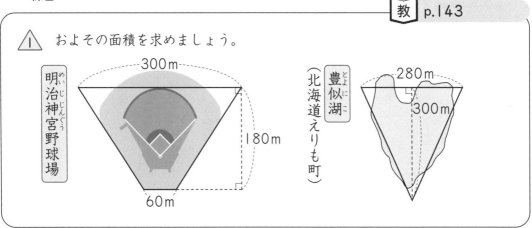

ねらい およその形を考えて、およその面積を求めます。

考え方 明治神宮野球場は台形、豊似湖は三角形とみることができます。

答え 明治神宮野球場

(300＋60)×180÷2＝32400　　　答え 約32400 m²

豊似湖

280×300÷2＝42000　　　答え 約42000 m²

注意! 豊似湖の実際の面積は、42500 m² です。

p.143

△2 身のまわりのいろいろなものの、およその面積を求めてみましょう。

ねらい 身のまわりのいろいろなもののおよその形を考えて、面積を求めます。

答え 省略

教 p.144

2 右のランドセルのおよその
容積を求めましょう。

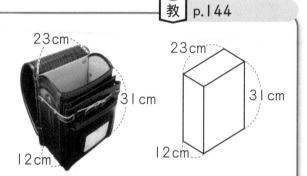

23cm
31cm
12cm

① このランドセルは、およそどんな形とみられますか。

② ランドセルを直方体とみて、およその容積を求めましょう。

ねらい 身のまわりにあるものを、体積の求め方がわかっている立体とみて、
その体積や容積を求めます。

答え 2 約8556cm³

① 直方体

② 式 23×12×31＝8556   答え 約 8556 cm³

── 練習 ──────

教 p.144

 教科書144ページの図を見て、①と②のおよその容積や体積を求めましょう。
① 牛乳パック   ② ケーキ

ねらい およその形を考えて、およその容積や体積を求めます。

考え方 牛乳パックは直方体、ケーキは円柱とみることができます。

答え ① 7×7×20＝980   答え 約980cm³

② 6×6×3.14×8＝904.32   答え 約904.32cm³

注意 十の位で四捨五入して答えてもよい。

牛乳パック 約1000cm³(約1L)

ケーキ 約900cm³

教 p.144

⚠4 身のまわりのいろいろなものの、およその容積や体積を求めてみましょう。

ねらい▷ 身のまわりのいろいろなもののおよその形を考えて、容積や体積を求めます。

答え 省略

◀ **教科書のまとめ** ┆ テスト前にチェックしよう！　　**教** p.142〜144

☐ ❶ **いろいろなものの形のおよその面積の求め方**

いろいろなものの形のおよその面積の求め方

身のまわりのいろいろなものの形を、**面積の求め方がわかっている図形**とみると、およその面積を求めることができる。

☐ ❷ **いろいろなものの形のおよその容積や体積の求め方**

身のまわりのいろいろなものの形を、**体積の求め方がわかっている図形**とみると、およその容積や体積を求めることができる。

10
およその面積と体積

いかしてみよう　　**教** p.145

💡地図を使って、いろいろな都道府県や市区町村などのおよその面積を求めましょう。

① 上の図(省略)で、三角形の面積を求めるのに必要な長さをはかる。
② 縮尺を見て、①ではかった長さの実際の長さを求める。
③ ②で求めた実際の長さを使って、およその面積を求める。

答え▶ ① 底辺と高さにあたる部分の長さをはかると
　　　　　底辺…**9.5cm**、高さ…**7cm**
② 縮尺では50kmが1cmに縮められているから、実際の長さは
　　　　　底辺…50×9.5＝**475**(km)
　　　　　高さ…50×7＝**350**(km)
③ およその面積は　　475×350÷2＝**83125**(km²)

つないでいこう 算数の目 〜大切な見方・考え方 　教 p.146

① 面積を求めるものの形を、面積の求め方がわかる図形とみて考える

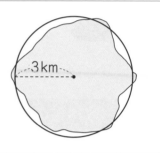

❶ あなただったら、教科書146ページの写真の湖をおよそどんな形とみますか。

❷ この湖を、右のような円とみて、およその面積を求めましょう。

答え
① こうた…円、あみ…正方形
② 3×3×3.14＝28.26 　　　　答え　28.26km²

 ## おぼえているかな？ 　教 p.147

1 右の図のように、円の中に正六角形があります。

① あの角度は何度ですか。

② 正六角形の1つの角の大きさは何度ですか。

③ この円の円周の長さは何cmですか。

考え方 正六角形の中にある三角形はどんな三角形かを考えます。

答え
① 正六角形では、円の中心のまわりの角を6等分しているから、あの角は

360÷6＝60 　　　　答え　60°

② 正六角形の中にできる1つの三角形は、2つの辺が半径で等しいから二等辺三角形になる。二等辺三角形の等しい角は

（180−60）÷2＝60

正六角形の1つの角は、二等辺三角形の等しい角の2つ分だから

60×2＝120 　　　　答え　120°

③　１つの二等辺三角形は、３つの角がすべて60°だから、正三角形になる。正三角形の３つの辺の長さは等しいから、１つの辺の長さは５cmとなる。これが、この円の半径だから、円周の長さは

$$5 \times 2 \times 3.14 = 31.4$$

答え　**31.4cm**

> ②　六角形の角の大きさの和が720°ということから
> $$720° \div 6 = 120°$$
> と求めることもできる。

2　下の問題に答えましょう。

①　87gは、145gの何％ですか。

②　250人の48％は何人ですか。

③　63cm³が70％にあたる体積は、何cm³ですか。

考え方　割合と比べられる量、もとにする量の関係を考えます。
それぞれ、どの量が比べられる量、もとにする量になるか、
まちがえないようにします。

答え
①　割合＝比べられる量÷もとにする量　だから
　　$87 \div 145 = 0.6$　$0.6 = 60\%$　　　　答え　**60％**

②　比べられる量＝もとにする量×割合　だから
　　$250 \times 0.48 = 120$　　　　　　　　答え　**120人**

③　もとにする量＝比べられる量÷割合　だから
　　$63 \div 0.7 = 90$　　　　　　　　　　答え　**90cm³**

> ③　５年生のときの解き方をおぼえているかな。
> もとにする量を$x$cm³とすると
> $$x \times 0.7 = 63$$
> $$x = 63 \div 0.7$$
> $$= 90$$

3 下の式で、xの表す数を求めましょう。

① $4:3=x:27$　　　② $x:42=5:7$

答え

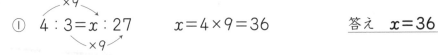

① $4:3=x:27$　　　$x=4×9=36$　　　答え　$x=36$

② $x:42=5:7$　　　$x=5×6=30$　　　答え　$x=30$

4 下の④、⑤の長方形は、それぞれ⑦の長方形の拡大図、縮図です。

6cm

4cm

$x$cm

3cm　⑦　　　　④　　　$y$cm

1.5cm　⑤

① x、yにあてはまる数を求めましょう。

② ④、⑤の長方形は、それぞれ⑦の長方形の何倍の拡大図、
何分の一の縮図ですか。

答え　① 対応する辺の長さの比が等しい。

⑦と④では、対応する辺の長さの比が$4:6=2:3$だから

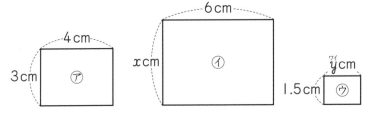

$2:3=3:x$　　　$x=3×1.5=4.5$　　　答え　$x=4.5$

⑦と⑤では、対応する辺の長さの比が$3:1.5=2:1$だから

$2:1=4:y$　　　$y=1×2=2$　　　答え　$y=2$

② 対応する辺の長さの比が

④と⑦は$3:2$だから、④は⑦の$\dfrac{3}{2}$(1.5)倍の拡大図

⑤と⑦は$1:2$だから、⑤は⑦の$\dfrac{1}{2}$の縮図

式づくり　　　　教 p.147

答え

① ＋、＋　② ÷、÷　③ ＋、－、－　　－、＋、－　　×、－、×

÷、－、÷　　－、×、÷　　－、÷、×　　×、÷、－　　÷、×、－

④ ＋、＋、＋　　×、÷、÷　　÷、×、÷　　÷、÷、×　　＋、÷、－

－、＋、÷　　÷、＋、－　　÷、－、＋

全体を決めて　　教 p.148～149

1 **答え** ❶ り　く

(1)　A（エー） 30÷15＝2　　　　答え **2m**
　　 B（ビー） 30÷10＝3　　　　答え **3m**

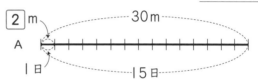

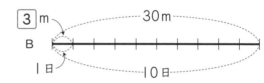

(2)　2＋3＝5　　　　　　　　　答え **5m**
　　 30÷5＝6　　　　　　　　　答え **6日**

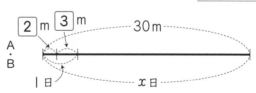

みさき　(1)　A $\frac{1}{15}$　　　　　B $\frac{1}{10}$

(2)　$\frac{1}{15}+\frac{1}{10}=\frac{2}{30}+\frac{3}{30}=\frac{\overset{1}{\cancel{5}}}{\underset{6}{\cancel{30}}}=\frac{1}{6}$　　答え $\frac{1}{6}$

$1\div\frac{1}{6}=\frac{1\times6}{1\times1}=6$　　　　　答え **6日**

❷ りく

15、10、12の最小公倍数は60。
道路の長さを仮に60mとして、
１日にほそうできる長さを求める。

A　$60 \div 15 = 4$
B　$60 \div 10 = 6$
C　$60 \div 12 = 5$
※1　$4 + 6 + 5 = 15$

１日に $\boxed{15}$ ※1 mほそうできるから、
$60 \div \boxed{15} = \boxed{4}$　　答え $\boxed{4}$ 日

みさき

道路の長さを１とみる。Cは１日に
全体の $\dfrac{1}{12}$ だけほそうできる。

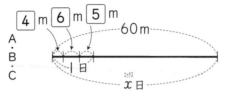

１日に全体の $\boxed{\dfrac{1}{4}}$ ※2 だけほそう

できるから、

$1 \div \boxed{\dfrac{1}{4}} = \boxed{4}$　　答え $\boxed{4}$ 日

※2　$\dfrac{1}{15} + \dfrac{1}{10} + \dfrac{1}{12} = \dfrac{4}{60} + \dfrac{6}{60} + \dfrac{5}{60} = \dfrac{\overset{1}{\cancel{15}}}{\underset{4}{\cancel{60}}} = \dfrac{1}{4}$

❸ （例）・最小公倍数を使う考えは、整数で考えられるから
　　　　　考えやすい。

　　　　・全体を１とみる考えは、１日でほそうできる割合が
　　　　　わかってよい。

　　　　・全体を１とみる考えは、長さを仮に決める必要がなく、
　　　　　いつでも使える。

2 　答　え　　$\dfrac{1}{9}+\dfrac{1}{12}+\dfrac{1}{18}=\dfrac{4}{36}+\dfrac{3}{36}+\dfrac{2}{36}=\dfrac{\cancel{9}}{\cancel{36}}=\dfrac{1}{4}$

$1\div\dfrac{1}{4}=\dfrac{1\times4}{1\times1}=4$

答え　**4分**

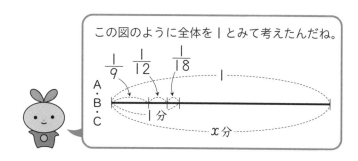

この図のように全体を1とみて考えたんだね。

考える力をのばそう

比例と反比例

⑪ 比例の関係をくわしく調べよう

比例をふり返ろう

教 p.150～151

Ⓐ 分速60mで歩く人の、歩く時間 x 分と進む道のり y m

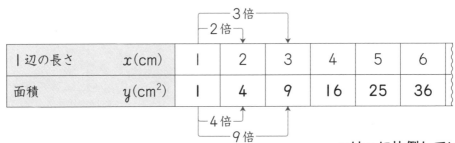

時間 x（分）	1	2	3	4	5	6
道のり y（m）	60	120	180	240	300	360

y は x に比例している。

Ⓑ 1辺の長さが x cmの正方形の面積 y cm²

1辺の長さ x（cm）	1	2	3	4	5	6
面積 y（cm²）	1	4	9	16	25	36

y は x に比例していない。

Ⓒ 直方体の形をした水そうに水を入れるときの、水を入れる時間 x 分と水そうの水の量 y L

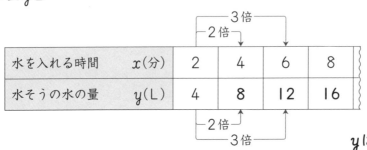

水を入れる時間 x（分）	2	4	6	8
水そうの水の量 y（L）	4	8	12	16

2分あたりに入れる水の量が、いつも 4 L と決まっているね。

y は x に比例している。

y が x に比例するもの…Ⓐ、Ⓒ

1 比例の性質

教 p.152〜153

1 教科書151ページの©では、水そうの水の量は、水を入れる時間に
比例します。下の表には書かれていない時間のときの、水そうの水の量を
考えましょう。

水を入れる時間　x(分)	2	4	6	8	
水そうの水の量　y(L)	4	8	12	16	

① 水を入れる時間が10分のとき、水そうの水の量は何Lになりますか。
② 水を入れる時間が1分のとき、水そうの水の量は何Lになりますか。
③ 水を入れる時間が5分のとき、水そうの水の量は何Lになりますか。
④ 水を入れる時間が13分のとき、水そうの水の量は何Lになりますか。
⑤ 下の表を完成させましょう。

水を入れる時間 x(分)	1	2	3	4	5	6	7	8	9	10	11	12	13
水そうの水の量 y(L)		4		8		12		16					

ねらい 比例する2つの数量の関係には、どんな性質があるか調べます。

答え
① あ み…10分のときの水の量は、2分のときの水の量の 5 倍
になるから、4×5＝20(L)　　答え **20 L**

② し ほ…水を入れる時間が半分になれば、水の量も半分になる。
半分は、0.5倍や$\frac{1}{2}$倍のことだから、4×0.5＝2(L)
答え **2 L**

③ り く…5分は10分の 0.5 倍だから、水の量は①で求めた量
の半分である。
はると…5分は2分の $\frac{5}{2}$ 倍だから、水の量は、4×$\frac{5}{2}$＝10(L)
答え **10 L**

④ 13分は2分の$\frac{13}{2}$倍だから、水の量は、4×$\frac{13}{2}$＝26(L)
答え **26 L**

⑤

水を入れる時間 x(分)	1	2	3	4	5	6	7	8	9	10	11	12	13
水そうの水の量 y(L)	2	4	6	8	10	12	14	16	18	20	22	24	26

11 比例と反比例

―― 練習 ――

1　下の表は、底面積が6cm²の三角柱の、
　　高さ x cm と体積 y cm³ を表したものです。

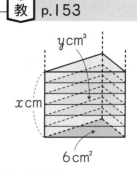

高さ　x(cm)	1	2	3	4	5	6
体積　y(cm³)	6	12	18	24	30	36

$\frac{1}{3}$倍　　㋐倍
㋐倍　　㋒倍

① 三角柱の体積は高さに比例していますか。理由も説明しましょう。

② ㋐、㋑、㋒にあてはまる数を求めましょう。

③ 高さ7cmのときの体積は、高さ3cmのときの体積の何倍ですか。
　　また、高さ7cmのときの体積は何cm³ですか。

ねらい　比例の性質を利用して、問題を解決します。

答え
① 比例している。
　　理由…xの値が2倍、3倍、…になると、それにともなって
　　　　　yの値も2倍、3倍、…になるから。

② ㋐　yの値の変わり方　18→6　　　$6 \div 18 = \frac{6}{18} = \frac{1}{3}$(倍)

　　㋑　xの値の変わり方　6→4　　　$4 \div 6 = \frac{4}{6} = \frac{2}{3}$(倍)

　　㋒　yの値の変わり方　36→24　　　$24 \div 36 = \frac{24}{36} = \frac{2}{3}$(倍)

③ xの値の変わり方が3→7だから　　$7 \div 3 = \frac{7}{3}$

答え　$\frac{7}{3}$倍

yの値も$\frac{7}{3}$倍になるから　　$18 \times \frac{7}{3} = 42$　　答え　42cm³

◀ 教科書のまとめ ▶　テスト前に
チェックしよう！　教 p.152〜153

□ ❶ 比例する２つの数量の関係

(1)　y が x に比例するとき

x の値が0.5倍 $\left(\dfrac{1}{2}倍\right)$、2.5倍 $\left(\dfrac{5}{2}倍\right)$ になると、それにともなって

y の値も0.5倍 $\left(\dfrac{1}{2}倍\right)$、2.5倍 $\left(\dfrac{5}{2}倍\right)$ になる。

倍を表す数が小数や分数でも、**整数のときと同じ**ことがいえる。

(2)　y が x に比例するとき、x の値が■倍になると、それにともなって
y の値も■倍になる。

■には同じ数が入る。整数だけでなく、小数や分数も入る。

2 比例の式

教 p.154〜155

❶　教科書151ページの©で、水を入れる時間が23分のときの、水そうの
水の量を求めましょう。

①　２人の考えを説明しましょう。

②　①で求めた式を使って、水を入れる時間が23分のときの、水そうの
水の量を求めましょう。

③　水を入れる時間が17分、29分のときの水そうの水の量を、それぞれ
求めましょう。

④　x と y の関係を式で表すと、どのようなよいことがあるか、書いてみましょう。

ねらい　比例の関係を、x と y を使った式で表します。

答え　❶　46L

①

はると

x の値の $\boxed{2}$ 倍は、いつも y の値になる。

x	2	4	6	8	
y	4	8	12	16	×$\boxed{2}$

$x \times \boxed{2} = y$

11

比例と反比例

みさき

y の値を x の値でわると、いつも $\boxed{2}$ になる。

x	2	4	6	8
y	4	8	12	16
$y \div x$	2	2	2	2

$$y \div x = \boxed{2}$$

② ① より、$x \times 2 = y$ だから、水を入れる時間が23分のときの水そうの水の量は、

$$23 \times 2 = 46(L)$$

答え　46 L

③ 求める水そうの水の量はそれぞれ

$$17 \times 2 = 34(L)$$
$$29 \times 2 = 58(L)$$

④ x と y の関係を式で表すと、x の値に対応する y の値を計算ですぐに求めることができる。

◀ **教科書のまとめ** ▶ ‥‥‥ テスト前にチェックしよう！　教 p.154〜155

□ ❶ x と y の比例の関係の式の表し方

y が x に比例するとき、**x の値でそれに対応する y の値をわった商は、いつも決まった数になる。**

$$y \div x = 決まった数$$

y を x の式で表すと、下のようになる。

$$y = 決まった数 \times x$$

3 比例のグラフ

教 p.156〜157

1 下の表の比例の関係をグラフに表しましょう。

水を入れる時間　x(分)	1	2	3	4	5	6
水そうの水の量　y(L)	2	4	6	8	10	12

① 横軸にxの値を、縦軸にyの値を表します。上の表のxとyの値の組を、
教科書156ページの方眼に表しましょう。

② $y＝2×x$の式を使って、xの値が0、0.5、1.5、4.5のときのyの値を求め、
方眼に点をとりましょう。

③ 方眼の上の点は、どのように並んでいますか。

④ グラフから、xの値が2.5のときのyの値を読み取りましょう。

⑤ yの値が9のときのxの値を読み取りましょう。

⑥ グラフから、xの値が1.2のときのyの値を読み取りましょう。
また、その値を$y＝2×x$の式から求めた値と比べてみましょう。

⑦ xとyの関係をグラフに表すと、どのようなよいことがあるか、
書いてみましょう。

ねらい ▷ 比例する2つの数量の関係をグラフに表して、特ちょうを調べます。

考え方 ▷ ① 上の表のxとyの値の組を、1つずつ方眼に点で表します。

(例)

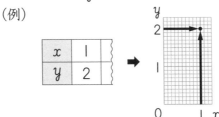

② $y＝2×x$のxに0、0.5、1.5、4.5をあてはめて、対応する
yの値を求め、方眼に点をとります。

答え ①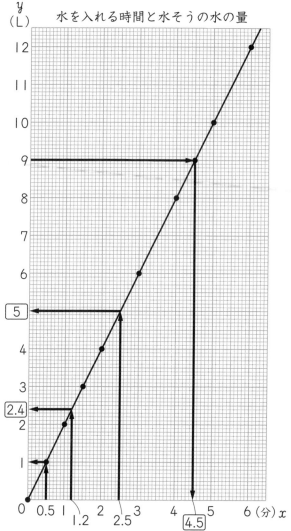

水を入れる時間と水そうの水の量

② xの値が0のとき $\qquad$ $y=2\times0=0$

　xの値が0.5のとき $\qquad$ $y=2\times0.5=1$

　xの値が1.5のとき $\qquad$ $y=2\times1.5=3$

　xの値が4.5のとき $\qquad$ $y=2\times4.5=9$

　それぞれの点は上のグラフ。

③ **一直線上に並んでいる。**

④ xの値が2.5のとき、yの値は**5**

⑤ yの値が9のとき、xの値は**4.5**

⑥ xの値が1.2のとき、yの値は**2.4**となる。

　$x=1.2$のとき、$y=2\times1.2=2.4$だから、**同じ数になっている。**

⑦ **みさき…**xの値に対応するyの値が、計算しなくても読み取れる。

　こうた…xの値が細かくなったとき、表では表しにくいけど、

　　　　　　グラフだと表しやすい。

───── 練習 ─────

教 p.158

⚠ あるフェリーは、時速50kmで進みます。下の表は、フェリーの進む
時間と道のりの関係を表したもので、道のり y kmは時間 x 時間に比例します。
この2つの数量の関係について、下の問題に答えましょう。

時間 x(時間)	1	2	3	4	5	6
道のり y(km)	50	100	150	200	250	300

① y を x の式で表しましょう。

② 教科書158ページの方眼に、x と y の比例の関係をグラフで表しましょう。

③ 出発してから1時間30分で、何km進みますか。
また、フェリーが125km進むのに、何時間何分かかりますか。

ねらい 比例する2つの数量の関係をグラフに表し、グラフを利用して値を
読み取ります。

考え方 ① x の値でそれに対応する y の値をわった商を求めます。この商が、
y＝決まった数×x の決まった数になります。

③ グラフから読み取ります。

答え ① 50÷1=50、100÷2=50、…だから $y＝50×x$

②

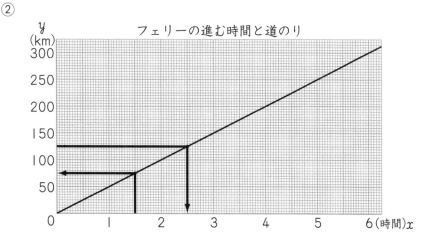

フェリーの進む時間と道のり

③ 1時間30分＝1.5時間だから、グラフから $x＝1.5$ に対応する
y の値を読み取ると、$y＝75$ 答え **75km**

$y＝125$ に対応する x の値を読み取ると $x＝2.5$ で、
2.5時間＝2時間30分だから、2時間30分

答え **2時間30分**

11 比例と反比例

173

2 下のグラフは、ゆいさんと兄さんが自転車で同じコースを同時に出発したときの、走った時間と道のりを表しています。

このグラフから、どのようなことが読み取れますか。

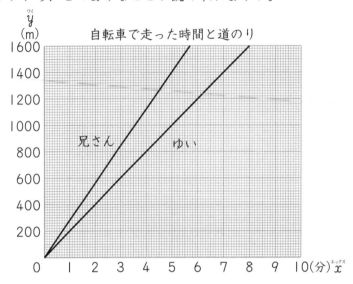

① ゆいさんと兄さんでは、どちらが速いといえますか。

② 1400mの地点を兄さんが通過してから、ゆいさんが通過するまでの時間は何分ですか。

③ 出発してから5分後に、兄さんとゆいさんは何mはなれていますか。

④ このまま同じ速さで走ったとすると、出発してから10分後には、兄さんとゆいさんは何mはなれていますか。

ねらい グラフから、いろいろなことを読み取ります。

考え方 ① 速さは、下の2つの方法で比べることができます。

　　　　・同じ時間に進んだ道のりが長いほうが速い。

　　　　・同じ道のりを進むのに、かかった時間が短いほうが速い。

答え ① **兄さんのほうが速い。**

② 右のようにして、1400mの地点を通過する時間を読み取ると、兄さんは5分、ゆいさんは7分だから、その差は**2分**です。

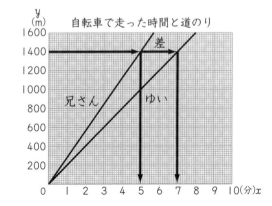

③　右のようにして、
5分後の道のりを読み
取ると、兄さんは
1400m、ゆいさんは
1000mだから、
その差は**400m**です。

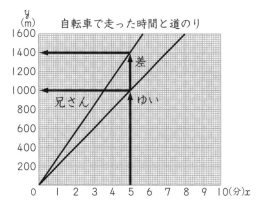

④　同じ時間走ったとき、
兄さんとゆいさんの
はなれている道のりは時間に比例しています。

　　5分走ったときの道のりの差が400mなので、10分では、
差はその2倍になるから

　　　　$400 \times 2 = 800$

答え　**800m**

教科書のまとめ　　　テスト前に
チェックしよう！　　　**教** p.156～159

□ ❶　**比例の関係を表すグラフ**

　　比例する2つの数量の関係を表すグラフは、**直線になり、0の点を通る。**

　　2つのグラフを1つにまとめて表すと、2つの数量の関係どうしを調べ
やすくなる。

⑪
比例と反比例

ますりん通信　　**別の数量が決まった数になると？**

考え方 ▶　① 　表を横に見ます。
　　② 　表を縦に見ます。
　　　xの値でそれに対応するyの値をわると
　　　　　$5 \div 1 = 5$、$10 \div 2 = 5$、$15 \div 3 = 5$、…

答え ▶

1分あたりに入れる水の量　x(L)	1	2	3	4	5	6
水そうの水の量　　　　　　y(L)	5	10	15	20	25	30

① 　xの値が2倍、3倍、…になると、それにともなって対応する
　yの値も2倍、3倍、…になるから、**yはxに比例している。**

② 　xの値でそれに対応するyの値をわった商が、いつも5になるから
　　$y = \boxed{5} \times x$

4 比例の利用

教 p.161〜163

1 画用紙300枚を、全部数えないで用意する方法を考えましょう。

1 画用紙について、枚数が変わると、それにともなって変わる数量は何ですか。

2 この画用紙10枚の重さをはかったら、92gありました。このことを
もとにして、300枚を用意する方法を考え、自分の考えを表や式を使って
かきましょう。

3 みさき、こうた、しほの3人の考えの中で、自分の考えと似ているものは
ありますか。似ているところを説明しましょう。

4 この3人の考えの中で、自分の考えとはちがう考えを読み取って、
説明しましょう。

5 画用紙300枚を、全部数えないで用意するとき、大切なのはどのような
考えですか。

6 この画用紙10枚の厚さは2mmありました。このことをもとにして、
300枚を用意する方法を説明しましょう。

ねらい 2つの数量の比例の関係を用いて、身のまわりの問題を解決します。

考え方 3、6 みさきやこうた、しほの考えを使って考えてみます。

答え 1 （例）全体の重さ、全体の厚さ

2 省略

3 （自分の考えと似ているところの説明は省略）

みさき

重さは枚数に比例すると考えて、1枚の重さを求める。

枚数 x（枚）	1	10	300
重さ y（g）	9.2	92	2760

画用紙の重さは枚数に比例することから、画用紙10枚の重さ
から$\frac{1}{10}$倍の1枚の重さを求め、次に1枚の重さから300倍
の300枚の重さを求める。

こうた

重さは枚数に比例すると考えて、比例の性質を使った。

枚数x(枚)	10	300
重さy(g)	92	2760

$300 \div 10 = 30$

$92 \times 30 = \boxed{2760}$

こうたの2つの式を考えて、表を横に見て下に説明する。

┌─ 30倍 ─┐

枚数x(枚)	10	300
重さy(g)	92	2760

└─ 30倍 ─┘

画用紙の重さは枚数に比例することから、枚数が10枚の30倍になると、重さも10枚の重さ92gの30倍になる。

しほ

重さは枚数に比例すると考えて、決まった数を求める。

枚数 x(枚)	10	300
重さ y(g)	92	2760

×$\boxed{9.2}$　×$\boxed{9.2}$

$10 \times \boxed{} = 92$

$\boxed{} = 92 \div 10$

$= 9.2$ ← 決まった数

$300 \times 9.2 = 2760$

画用紙の重さは枚数に比例することから、枚数に決まった数をかけると重さになるので、まず、決まった数を求める。次に、300に決まった数をかけると300枚の重さになる。

似ているところの例…画用紙の重さは画用紙の枚数に比例することを利用している。

④　省略

⑤　重さは枚数に比例すると考えて、画用紙2760gを用いると、およその枚数を用意することができる。

⑥　**みさきの考え**

画用紙の厚さは枚数に比例することから、画用紙10枚の厚さから1枚の厚さを求めると

$$2 \times \frac{1}{10} = 0.2 \text{(mm)}$$

1枚の厚さから300倍の300枚の厚さを求める。

$$0.2 \times 300 = 60 \text{(mm)}$$

11 比例と反比例

177

厚さ60mm分の画用紙を用意すればよい。

こうたの考え

画用紙の厚さは枚数に比例することから、枚数が10枚の
30倍になると、厚さも30倍になるから

$2 \times 30 = 60$（mm）

厚さ60mm分の画用紙を用意すればよい。

しほの考え

画用紙の厚さは枚数に比例することから、枚数に決まった数を
かけると厚さになるので、まず、決まった数を求める。

$2 \div 10 = 0.2$

300に決まった数をかけると

$300 \times 0.2 = 60$（mm）

厚さ60mm分の画用紙を用意すればよい。

3人が説明したことを表にすると、下のようになる。

画用紙の枚数と厚さ

枚数 x（枚）	10	300
厚さ y（mm）	2	60

教 p.164

2 東海道新幹線の新富士駅のあたりで、列車から富士山がよく見えます。
新横浜駅からのぞみ号に乗ると、新富士駅を通過するのは、およそ何分後
ですか。

	新横浜〜新富士	新横浜〜名古屋
時間　x（分）		82
道のり　y（km）	117	337

ねらい 2つの数量を比例しているものとみて、身のまわりの問題を解決
します。

考え方 新幹線の場合でも、時間と道のりが比例しているものとみて考えます。
決まった数を使って求める方法㋐と、道のりが○倍になると時間も
○倍になることから求める方法㋑の2つの方法があります。

答　え　新幹線の場合でも、道のりは時間に比例すると考える。

か 決まった数を求めると

$$337 \div 82 = \frac{337}{82}$$

だから

$$117 = \square \times \frac{337}{82}$$

$$\square = 117 \div \frac{337}{82}$$

$$= \frac{117}{1} \times \frac{82}{337}$$

$$= \frac{117 \times 82}{1 \times 337}$$

$$= 28.4\cdots$$

答え　**約28分後**

イ 道のりが $117 \div 337 = \dfrac{117}{337}$（倍）になると、時間も $\dfrac{117}{337}$ 倍に

なるので

$$82 \times \frac{117}{337} = \frac{82 \times 117}{1 \times 337} = 28.4\cdots$$

答え　**約28分後**

教 p.164

3　かげの長さは、ものの高さに比例します。このことを使って、右の木の高さ（図は省略）を求めましょう。

1　2人の考えを説明しましょう。

ねらい　比例の関係を使って、問題を解決します。

答　え　**3** 200 cm

1 **りくの考え**…かげの長さが2倍になると、高さも2倍になる。

$$150 \div 75 = 2$$

$$100 \times 2 = 200$$

答え　**200 cm**

		ぼう 棒	木
高さ　　　　x（cm）		100	200
かげの長さ　y（cm）		75	150

2倍（上段）／2倍（下段）

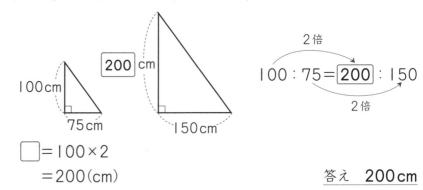

あみの考え…高さとかげの長さの比は等しい。

$\square = 100 \times 2$
$ = 200 \,(cm)$

答え　**200cm**

◀ **教科書のまとめ** ▌　⋯⋯ テスト前に
チェックしよう！　　　　　教 p.161〜164

□ ❶ 比例の関係を使ったおよその数の求め方
　　画用紙の重さは枚数に比例すると考えて、その関係を使うと、画用紙を
全部数えなくても、およその枚数を用意することができる。

▌5 練習

教 p.165

⚠ 下の表で、y は x に比例していますか。

①
x(L)	2	4	6	8	10
y(kg)	3	6	9	12	15

②
x(m)	0.4	0.6	0.8	1	1.2
y(m)	1	1.5	2	2.5	3

ねらい▶ y が x に比例しているかどうか調べます。

考え方▶ x の値でそれに対応する y の値をわった商が、いつも決まった数に
なるかを調べます。

答え
① 3÷2＝1.5　　6÷4＝1.5　　9÷6＝1.5　　…

となり、商がいつも決まった数になるので、**yはxに比例している。**

② 1÷0.4＝2.5　　1.5÷0.6＝2.5　　2÷0.8＝2.5

2.5÷1＝2.5　　3÷1.2＝2.5

となり、商がいつも決まった数になるので、**yはxに比例している。**

> xの値が2倍、3倍、…になると、
> それにともなってyの値も2倍、3倍、…
> になっているかどうかを調べてもよい。

教 p.165

⚠2　下の表で、yはxに比例します。表のあいているところに数を書きましょう。

また、yをxの式で表しましょう。

①

x(m)	2	3	4	5	6
y(円)		45			

②

x(cm)	2			8	10
y(cm²)	5	10	15		

ねらい▶ yがxに比例していることから、対応する値を求めたり、yをxの式で表したりします。

考え方▶ yの値を対応するxの値でわって、決まった数を求めます。

答え
① 決まった数は　　45÷3＝15

表の左から順に　2×15＝**30**、4×15＝**60**

5×15＝**75**、6×15＝**90**　　　　　　式…**$y=15×x$**

② 決まった数は　　5÷2＝2.5

表の下の段の左から順に　8×2.5＝**20**、10×2.5＝**25**

表の上の段の左から順に　10÷2.5＝**4**、15÷2.5＝**6**

式…**$y=2.5×x$**

> xの値が2倍、3倍、…になると、
> それにともなってyの値も2倍、3倍、…
> になることから、xの値、yの値を
> 求めることもできる。

11
比例と反比例

③ 下の場面で、□ の数量に比例する数量を見つけましょう。

① 円の 直径の長さ が変わるとき

② 分速70mで 何分 か歩くとき

③ 高さ4cmの平行四辺形の 底辺の長さ が変わるとき

ねらい ある量に比例する量を考えます。

考え方 □ の量が2倍、3倍、…になるとき、それにともなって2倍、3倍、…になる量を考えます。

① 半径＝直径÷2、円周＝直径×円周率

② 道のり＝速さ×時間

③ 平行四辺形の面積＝底辺の長さ×高さ

答え ① 半径、円周(の長さ)

② (歩いた)道のり

③ (平行四辺形の)面積

④ 3mの重さが20gの針金(はりがね)を使って、工作をしました。針金の重さは長さに比例すると考えて、下の問題(図は省略)に答えましょう。

① ある作品Ⓐの重さは54gでした。使った針金は何mですか。

② 別の作品Ⓑは、針金を7.2m使って作られています。作品の重さは何gですか。

ねらい 2つの数量が比例するとみて、問題を解決します。

考え方 針金の長さをxm、重さをygとすると、yはxに比例します。

答え 決まった数は$20 \div 3 = \dfrac{20}{3}$だから、$y$を$x$の式で表すと

$$y = \frac{20}{3} \times x$$

① $\dfrac{20}{3} \times x = 54$ だから、Ⓐで使った針金の長さxは

$$x = 54 \div \frac{20}{3} = \frac{\overset{27}{54} \times 3}{1 \times \underset{10}{20}} = \frac{81}{10} = 8.1 \qquad \text{答え} \quad \underline{8.1\text{m}}$$

② $y=\dfrac{20}{3}\times x$ の式の x に 7.2 をあてはめると、⑧で使った針金の

重さ y は

$$y=\dfrac{20}{3}\times 7.2=\dfrac{\overset{2}{\cancel{20}}\times\overset{24}{\cancel{72}}}{\cancel{3}\times\cancel{10}}=48$$

答え　48g

比の考えを使ってもよい。

①　$3:20=\boxed{}:54$ （$\dfrac{27}{10}$倍）　　$3\times\dfrac{27}{10}=8.1\,(\text{m})$

②　$3:20=7.2:\boxed{}$ （$\dfrac{12}{5}$倍）　　$20\times\dfrac{12}{5}=48\,(\text{g})$

---

6 反比例

教 p.166〜167

⑧〜ⓒは、x の値が変わると、それにともなって y の値も変わります。
どのような変わり方をしていますか。

⑧　6km の道のりを時速 $x$km で進んだときのかかった時間 y 時間

⑧　面積が 12cm² の平行四辺形の、底辺の長さ $x$cm と高さ $y$cm

ⓒ　60L 入る水そうに水をいっぱいに入れるときの、1分あたりに入れる
　水の量 xL と水を入れる時間 y分

ねらい　比例とはちがった変わり方をする 2 つの数量の変わり方を調べます。

答え　（例）　⑧〜ⓒともに
　　　・比例では x の値が増えるのにともなって y の値も増えたが、
　　　　x の値が増えるのにともなって、y の値が減っている。
　　　・かけ算で表したとき、決まった数の場所が比例のときと
　　　　ちがっている。
　　　・比例とちがって、x の値が 2 倍、3 倍、…になると、それに
　　　　ともなって y の値が $\dfrac{1}{2}$ 倍、$\dfrac{1}{3}$ 倍、…になっている。

11

比例と反比例

183

1 ⓒで、1分あたりに入れる水の量を1L、2L、3L、…と変えていくとき、それにともなって水を入れる時間はどのように変わりますか。

① 1分あたりに入れる水の量が2倍、3倍、…になると、水を入れる時間はどのように変わりますか。表に、⤴をかいて調べましょう。

② 教科書166ページのⒶ、Ⓑで、yはxに反比例していますか。表を見て調べましょう。

ねらい 2つの数量の変わり方の特ちょうを調べます。

考え方 ② 2つの数量xとyがあり、xの値が2倍、3倍、…になると、それにともなってyの値が$\frac{1}{2}$倍、$\frac{1}{3}$倍、…になるとき、「yはxに**反比例**する」といいます。

答え ①

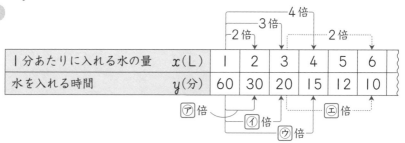

1分あたりに入れる水の量　x(L)	1	2	3	4	5	6
水を入れる時間　y(分)	60	30	20	15	12	10

㋐ yの値の変わり方　$30 \div 60 = \frac{1}{2}$　　$\frac{1}{2}$(倍)

㋑ yの値の変わり方　$20 \div 60 = \frac{1}{3}$　　$\frac{1}{3}$(倍)

㋒ yの値の変わり方　$15 \div 60 = \frac{1}{4}$　　$\frac{1}{4}$(倍)

㋓ yの値の変わり方　$10 \div 20 = \frac{1}{2}$　　$\frac{1}{2}$(倍)

② Ⓐ yはxに反比例している。

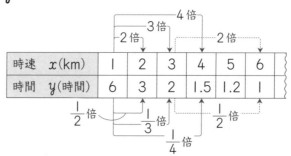

時速　x(km)	1	2	3	4	5	6
時間　y(時間)	6	3	2	1.5	1.2	1

Ⓑ　yはxに反比例している。

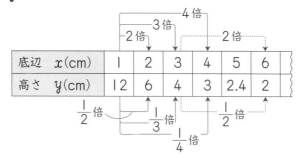

Ⓐ、Ⓑともに、xの値が2倍、3倍、…になると、

それにともなってyの値が$\dfrac{1}{2}$倍、$\dfrac{1}{3}$倍、…になるので、

yはxに反比例しているといえます。

――― 練習 ―――

教 p.168

⚠ 1　下の表は、まわりの長さが16cmの長方形の、縦の長さと横の長さを
表したものです。横の長さ$y$cmは縦の長さ$x$cmに反比例していますか。

縦　x(cm)	1	2	3	4	5	6
横　y(cm)	7	6	5	4	3	2

ねらい　2つの数量が反比例しているかどうかを調べます。

答え　　xの値の変わり方　　1→2　　$2÷1＝2$（倍）

　　　　yの値の変わり方　　7→6　　$6÷7＝\dfrac{6}{7}$（倍）

上で調べたように、xの値が2倍になっても、それにともなって

yの値が$\dfrac{1}{2}$倍にならないので、横の長さ$y$cmは縦の長さ$x$cmに

反比例していない。

教 p.169

2　教科書167ページのⒸで、水を入れる時間y分は、1分あたりに入れる
水の量xLに反比例します。2つの数量の変わり方をくわしく調べましょう。

ねらい　yがxに反比例するとき、xの値が$\dfrac{1}{2}$倍、$\dfrac{1}{3}$倍、…になるときの
yの値の変わり方を調べます。

11

比例と反比例

答え

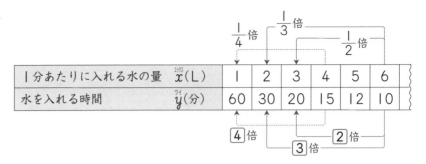

y が x に反比例するとき、x の値が $\frac{1}{2}$ 倍、$\frac{1}{3}$ 倍、…になると、

それにともなって y の値は2倍、3倍、…になる。

教 p.170〜171

3 教科書167ページの©の、反比例の関係を式に表しましょう。

① x の値が2.5、8、10のときの y の値を求めましょう。
② 教科書166ページの⑭、⑮の y を x の式で表しましょう。

ねらい 反比例の関係のときに成り立つきまりを見つけて、x や y を使った式で表します。

答え **3** みさき…表を縦に見ると、x の値とそれに対応する y の値の
積は、いつも決まった数60になる。

1分あたりに入れる水の量　x(L)	1	2	3	4	5	6
水を入れる時間　　　　　y(分)	60	30	20	15	12	10
$x×y$	60	60	60	60	60	60

だから、x と y の式は $\boxed{x×y}=60$

また、y を x の式で表すと　$y=\boxed{60÷x}$

① x の値が2.5のとき　$y=60÷2.5=24$
　x の値が8のとき　　$y=60÷8=7.5$
　x の値が10のとき　 $y=60÷10=6$

② ⑭　$x×y=6$　　　　　⑮　$x×y=12$
　　　$y=6÷x$　　　　　　　$y=12÷x$

4 教科書167ページの©の、反比例の関係をグラフに表しましょう。

① 比例のグラフと比べて、反比例のグラフにはどんな特ちょうがありますか。

ねらい 反比例する2つの数量の関係をグラフに表して、特ちょうを調べます。

答え **4** グラフに表すには、表の x と y の値の組の点をとり、とった点と点を線で結ぶ。

1分あたりに入れる水の量 x(L)	1	2	3	4	5	6	10	20	30	40	50	60
水を入れる時間 y(分)	60	30	20	15	12	10	6	3	2	1.5	1.2	1

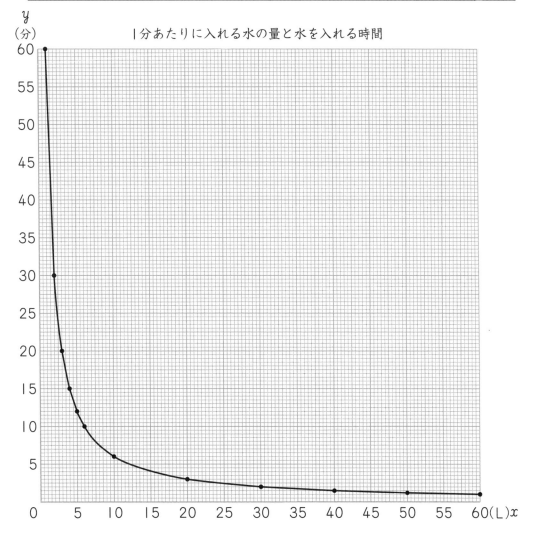

1分あたりに入れる水の量と水を入れる時間

1 （例）・一直線にならないで、曲がっている。
・0の点を通らない。

教科書のまとめ ┃ テスト前に
チェックしよう！ 　　　　　　教 p.166～172

□ ❶ 反比例する2つの数量の関係

2つの数量 x と y があり、x の値が2倍、3倍、…になると、

それにともなって y の値が $\frac{1}{2}$ 倍、$\frac{1}{3}$ 倍、…になるとき、

「y は x に反比例する」という。

y が x に反比例するとき、x の値が $\frac{1}{2}$ 倍、$\frac{1}{3}$ 倍、…になると、

それにともなって y の値は2倍、3倍、…になる。

□ ❷ x と y の反比例の関係の式の表し方

y が x に反比例するとき、x の値とそれに対応する y の値の積は、
いつも決まった数になる。

$$x \times y = 決まった数$$

y を x の式で表すと、下のようになる。

$$y = 決まった数 \div x$$

練習のページ

教 p.173

2 体積が $100\,\mathrm{cm}^3$ の四角柱の高さ $y\,\mathrm{cm}$ は、底面積 $x\,\mathrm{cm}^2$ に反比例します。
教科書173ページの表のあいているところに数を書きましょう。

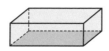 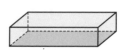 …

ねらい ▷ 反比例の性質を利用して、対応する値を求めます。

考え方

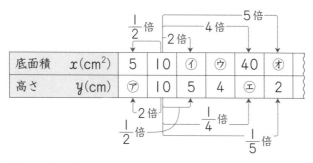

| 底面積 | x(cm²) | 5 | 10 | ㋑ | ㋒ | 40 | ㋓ |
| 高さ | y(cm) | ㋐ | 10 | 5 | 4 | ㋓ | 2 |

答え

㋐…10×2＝20   ㋑…10×2＝20

㋓…10×$\frac{1}{4}$＝2.5   ㋓…10×5＝50

㋒は

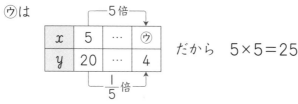

| x | 5 | … | ㋒ |
| y | 20 | … | 4 |

だから 5×5＝25

| 底面積 | x(cm²) | 5 | 10 | 20 | 25 | 40 | 50 |
| 高さ | y(cm) | 20 | 10 | 5 | 4 | 2.5 | 2 |

㊙ p.173

③ 　下の表は、自動車が$\overset{エー}{A}$市から$\overset{ビー}{B}$市までの間をいろいろな速さで走るときの、時速とかかる時間を表したものです。

| 時速 | x(km) | 10 | 20 | 30 | 40 | 50 | 60 |
| かかる時間 | y(時間) | 12 | 6 | 4 | 3 | 2.4 | 2 |

① 　かかる時間y時間は、時速$x$kmに反比例していますか。
　　理由も説明しましょう。

② 　時速xの値と、対応する時間yの値の積は、何を表していますか。
　　また、いくつですか。

③ 　yをxの式で表しましょう。

④ 　xの値が15のときのyの値を求めましょう。

⑤ 　yの値が1.5のときのxの値を求めましょう。

ねらい　　2つの数量が反比例しているかどうかを調べ、その関係をxやyを使った式で表します。

11

比例と反比例

考え方 ① 時速が2倍、3倍、…になると、それにともなってかかる時間は $\frac{1}{2}$ 倍、$\frac{1}{3}$ 倍、…になっているか調べます。

② 「時速×かかる時間」で何を求めることができるか考えます。

③ x と y の値の積は、いつも120になります。

④、⑤ ③で表した式を使って求めます。

答え ① 反比例している。

理由…x の値が2倍、3倍、…になると、それにともなって

y の値が $\frac{1}{2}$ 倍、$\frac{1}{3}$ 倍、…になるから。

② A市からB市までの道のり

120km

③ $y=120\div x$

④ $y=120\div x$ だから、x に15をあてはめて

$y=120\div15$

$=8$

⑤ $y=120\div x$ だから、y に1.5をあてはめて

$1.5=120\div x$

$x=120\div1.5$

$=80$

y が x に反比例するとき、$x\times y=$ 決まった数になるんだったね。

たしかめよう

教 p.174

1 下の⑤、⑥の、2つの数量x、yの関係について、それぞれ①〜③の問題に答えましょう。

⑤ 縦の長さが5cmの長方形の、横の長さ$x$cmと面積$y$cm²

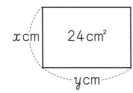

横 x(cm)	1	2	3	4	5	6
面積 y(cm²)	5	10	15	20	25	30

⑥ 面積が24cm²の長方形の、縦の長さ$x$cmと横の長さ$y$cm

縦 x(cm)	1	2	3	4	5	6
横 y(cm)	24	12	8	6	4.8	4

① yはxに比例していますか。反比例していますか。理由も説明しましょう。

② yをxの式で表しましょう。

③ ⑤の、2つの数量x、yの関係を表したグラフは、下の⑰〜⑨のうちどれですか。

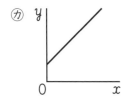 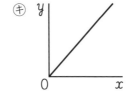 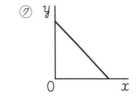

答え

① ⑤ xの値が2倍、3倍、…になると、それにともなってyの値が2倍、3倍、…になるから、**yはxに比例している。**

⑥ xの値が2倍、3倍、…になると、それにともなってyの値が$\frac{1}{2}$倍、$\frac{1}{3}$倍、…になるから、**yはxに反比例している。**

② ⑤ 決まった数は $y \div x = 5 \div 1 = 5$ だから
$y = 5 \times x$

⑥ 決まった数は $x \times y = 1 \times 24 = 24$ だから
$y = 24 \div x$

③ あの x、y の関係では、y は x に比例し、比例のグラフは直線になり、0の点を通るから

㋖

> y が x に比例するとき、y を x の式で表すと、
> y＝決まった数×x
> y が x に反比例するとき、y を x の式で表すと、
> y＝決まった数÷x
> になるんだったね。

つないでいこう 算数の目 〜大切な見方・考え方 教 p.175

🔍 ① 求めたいことに注目し、表や式、グラフを使い分ける

砂の量 x L と重さ y kgの関係について、y を x の式で表すと、y＝$\boxed{2}$×x になる。

❶ し ほ…式を使いました。答えは $\boxed{50}$ kgです。

表やグラフには、x の値が25のときがかかれていないけど、式を使えば計算で求められます。

❷ はると…グラフを使いました。答えは $\boxed{4.5}$ L です。

式だと、y に9をあてはめて、x の値を求めないといけないけど、グラフを使えば、計算をしなくてもグラフから読み取って求められます。

12 順序よく整理して調べよう

1 並べ方

1 あおいさん、いくとさん、うみひこさん、えりさんの4人でリレーの
チームを作り、1人1回ずつ走ります。
走る順序には、どんなものがあるか調べましょう。

① 1番めにあおいさんが走る場合に、どんな順序があるか調べましょう。

② みさきさんの考えを説明しましょう。

③ はるとさんの考えを説明しましょう。

④ 2人の考えを比べて、気づいたことをいいましょう。

⑤ 1番めがアの場合の走る順序は、何通りありますか。

⑥ 1番めがイ、ウ、エの場合について、それぞれ何通りあるか、
はるとさんのような図に表して調べましょう。

⑦ 4人が走る順序は、全部で何通りありますか。

ねらい 並べ方を落ちや重なりがないように調べる方法を考えます。

考え方 まず、1番めに走る人を決めて、2番め、3番め、4番めを順序よく
考えます。そのとき、落ちや重なりがないように調べます。

答え ① 省略

②

表を使って、まず1番めに
走る人を決めて、次に、
2番め、3番め、4番めに
走る人の順序を調べている。

り　く…まず、|番めがアの場合は、2番めはイ、ウ、エのうちの
　　　　どれか|つになります。
　　　　次に、2番めをイとすると、3番めはウ、エのうちの
　　　　どちらかになります。
　　　　3番めをウとすると、4番めは残りのエに決まります。

③
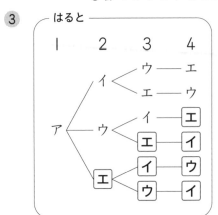

図を使って、みさきさんと同じように調べている。

④　**みさきの考え**…全部かき出しているから、まちがいが少ない。
　　　　　　　　　表で、|、2、3、4の場所が縦にそろっていて、
　　　　　　　　　結果が見やすい。
　　はるとの考え…同じ記号は省略して線で結んでいるから簡単。
　　　　　　　　　かく回数が少なくてすむ。

⑤　**6通り**

⑥　|番めがイ、ウ、エの場合について、それぞれ**6通り**ある。
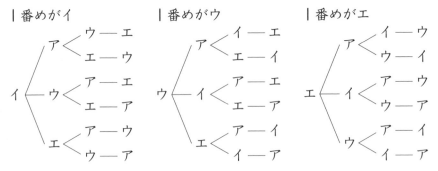

⑦　|番めがア、イ、ウ、エの場合がそれぞれ6通りあるから
　　6×4＝24より、**24通り**

> ③ のはるとさんの図のように、起こりうる
> すべての場合を、枝分かれした樹木のよう
> にかいたものを、樹形図というよ。

教 p.179

2 　 1 、 2 、 3 、 4 の4枚のカードのうちの2枚を選んで、

2けたの整数をつくります。どんな整数ができますか。

① 　2人の考えを説明しましょう。

② 　2けたの整数は、全部で何通りできますか。

ねらい 　並べ方を、図や表を使って落ちや重なりがないように調べます。

答え ▶ **2** 　できる2けたの整数は

　　12、13、14、21、23、24、31、32、34、41、42、43

① 　**あみ**…図に表して考えている。十の位の数が1の場合、一の位の
　　　　数は2、3、4となり、2けたの整数は3通りできる。
　　　　十の位の数が2、3、4の場合も同じように考え、
　　　　それぞれ3通りできる。

　　りく…表に表して、あみと同じように考えている。

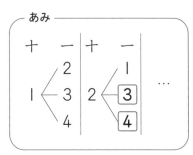

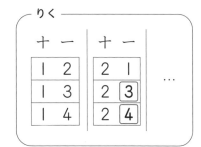

② 　十の位の数が1の場合、一の位は2、3、4の3通りでき、十の
　　位の数が2、3、4の場合も、同じように3通りずつできるから
　　　　3×4＝12より、**12通り**

12

並べ方と組み合わせ方

教 p.180

3 メダルを続けて3回投げます。このとき、表と裏の出方には、どんな場合がありますか。

① 1回めが裏のときについて、図や表に表して調べましょう。

② 表と裏の出方は、全部で何通りありますか。

ねらい 表と裏の出方を、図や表を使って、落ちや重なりがないように調べます。

答え **3** 表を○、裏を⊗として、下の図や表に表しました。

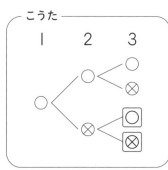 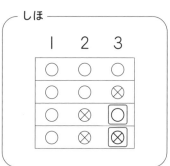

① こうたの方法　　しほの方法

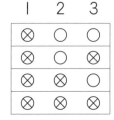

② 1回めが表のときの出方が4通り、1回めが裏のときの出方が4通りあるから

　　4×2＝8より、**8通り**

 **教科書のまとめ** テスト前に
チェックしよう！　教 p.177〜180

□ ❶ 樹形図

起こりうるすべての場合を、枝分かれした樹木（じゅもく）のように
かいたものを、樹形図（じゅけいず）という。

□ ❷ 並べ方の調べ方

並（なら）べ方を調べるときは、**図や表に表して順序よく調べる**
とよい。

名前を記号におきかえて書くとよい。

ますりん通信　パスワードは何通り？

答え▶ ① 千の位の数を1にしたとき、下のように6通りできる。

千の位の数が2、3、4のときも、同じように6通りずつできる
から

6×4＝24　　**24通り**

千　　百　　十　　一

```
        2 < 3 — 4
            4 — 3
1 —     3 < 2 — 4
            4 — 2
        4 < 2 — 3
            3 — 2
```

② 0000をふくめて、0000から9999まで10000通りになる
から。

2 組み合わせ方

教 p.181～183

1 A、B、C、Dの4つのチームで、バスケットボールの試合をします。

　どのチームも、ほかのチームと1回ずつ試合をするとき、どんな対戦があるか調べましょう。

① Aの相手になるチームをいいましょう。

　また、B、C、Dの相手になるチームを、それぞれいいましょう。

② はるとさんの考えを説明しましょう。

③ しほさんの考えを説明しましょう。

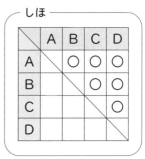

④ みさきさんの考えを説明しましょう。

⑤ 3人の考えを比べて、気づいたことをいいましょう。

⑥ 4つのチームの対戦は、全部で何通りありますか。

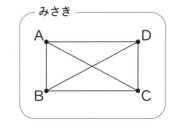

ねらい 組み合わせ方を、落ちや重なりがないように調べる方法を考えます。

答え ① Aの相手になるチーム…B、C、D

　　　　 Bの相手になるチーム…A、C、D

　　　　 Cの相手になるチーム…A、B、D

　　　　 Dの相手になるチーム…A、B、C

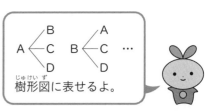

樹形図に表せるよ。

② 　Aの試合のらんには、
　Aの相手になるチームの
　組み合わせを、Bの試合
　のらんには、Bの相手に
　なるチームの組み合わせ
　を表に書いている。
　このとき、A・BとB・A
は同じ試合だから消している。

③ 　縦と横のわくに、それぞれA、B、C、Dの記号を書いて表を
　つくる。まず、同じチームどうしの組み合わせはないので、ななめ
　の線で消し、この線より上のらんに組み合わせの○を書いている。
　このとき、ななめの線より下のらんは、先に○を書いた組み合わせ
　と同じ組み合わせになるので、○は書かない。

④ 　4つの点に、それぞれA、B、C、Dの記号を書き、辺と対角線
　をひいてチームの組み合わせを調べている。

⑤ 　こうた…はるとさんの考えは、1つずつ書いていくから、数が
　　　　　　　多いときにはたいへんになるが、すべてを書き出して
　　　　　　　から同じ試合を消すので、まちがいが少ない。

　　あ　み…しほさんの考えは、表の半分だけを使えばいいから、
　　　　　　　重なりがなくてよい。

　　り　く…みさきさんの考えは、対戦を図形の辺と対角線で表して
　　　　　　　いるから、辺と対角線の数を調べればよい。

⑥ 　6通り

― 練習 ―

教 p.183

① バニラ、チョコレート、ストロベリー、オレンジ、グレープの5つの
アイスクリームの中から、ちがう種類の2つを選んで買います。
どんな組み合わせがありますか。また、全部で何通りありますか。

ねらい　組み合わせ方を、図や表を使って落ちや重なりがないように調べます。
考え方　バニラをA、チョコレートをB、ストロベリーをC、オレンジをD、
グレープをEとして、教科書182ページのしほやみさきの考えを
使って調べます。みさきの考えでは、この問題は組み合わせるものが
5つあるので、五角形をかいて調べます。

12 並べ方と組み合わせ方

199

答え　しほの考え　　　　　　　　みさきの考え

	A	B	C	D	E
A		○	○	○	○
B			○	○	○
C				○	○
D					○
E					

線の数は10本

○の数は10個
全部で10通りある。

教 p.183

2　身のまわりから、並べ方や組み合わせ方の学習が使える場面を
見つけましょう。また、どんな場合があるか調べましょう。

・4人が学習感想を発表します。（①）

・カレーせんべい、グミ、ラムネ、ドーナツの4つのおかしの中から、
ちがう種類の3つを選びます。（②）

ねらい　身のまわりから、並べ方や組み合わせ方を考える場面を見つけます。

答え

① 4人をA、B、C、Dとします。
1番めがAの場合、右の図のよう
に6通りある。1番めがB、C、Dの
場合についても、同じように6通り
ずつあります。
6×4＝24だから、発表する
順序は**24通り**ある。

② カレーせんべいをA、グミをB、
ラムネをC、ドーナツをDとします。
3つを選ぶ組み合わせは、右の
樹形図から**4通り**ある。

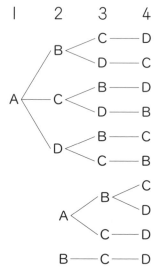

② 3つを選ぶのだから、選ばない1つを決めればよい。たとえば、
Dを選ばないときは、選ぶ3つはA、B、Cとなる。
4つの中から、選ばない1つを選ぶ選び方は4通りあるから、
4つのおかしの中から、ちがう種類の3つを選ぶ選び方は4通り
ある。

教 p.181〜183

教科書のまとめ ･･･テスト前に チェックしよう!

□ ❶ 組み合わせ方の調べ方

組み合わせ方を調べるときも、並べ方のときと同じように、図や表に表して順序よく調べるとよい。

組み合わせ方では、A対BとB対Aは同じ試合のことを表している。

いかしてみよう

教 p.184

💡 あおいさんは、学習したことを使って、レストランでどんなセットができるのか調べています。

> ランチセットメニューの Ⓐ、Ⓑ、Ⓒから1つずつ選びます。
> Ⓐ カレーライス、スパゲッティ、オムライス
> Ⓑ サラダ、スープ
> Ⓒ プリン、ヨーグルト

❶ Ⓐ、Ⓑ、Ⓒは、それぞれいくつありますか。

❷ セットは全部で何通りできますか。

❸ 飲み物は、オレンジジュース、ウーロン茶の2つの中から1つ選びます。
　Ⓐ、Ⓑ、Ⓒ、飲み物では、選び方は全部で何通りありますか。

答え ❶ Ⓐ…3つ、Ⓑ…2つ、Ⓒ…2つ

❷
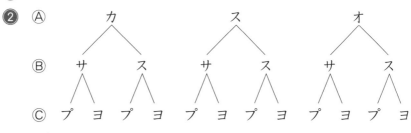

12通り

❸ ❷で調べたそれぞれについて、飲み物の選び方が2通りずつあるから、Ⓐ、Ⓑ、Ⓒ、飲み物の選び方は

12×2=24　**24通り**

12 並べ方と組み合わせ方

② Ⓐの選び方は3通りあり、それぞれの選び方について、Ⓑの選び方は
2通りずつあり、また、それらの選び方のそれぞれについて、
Ⓒの選び方は2通りずつあるから、セットの選び方は全部で
$$3 \times 2 \times 2 = 12（通り）$$
Ⓐの選び方──┘　└──Ⓑの選び方　└──Ⓒの選び方
として、考えてもよい。

たしかめよう

教 p.185

⚠ 3人が横に1列に並んで写真をとります。並び方は全部で何通りありますか。
教科書178ページのはるとさんのような図に表して調べましょう。

考え方　順序を①、②、③、3人をA、B、Cの記号におきかえて考えます。

答え

①　　②　　③　　　　　　　　6通り

```
A < B — C
    C — B

B < A — C
    C — A

C < A — B
    B — A
```

② 4種類のお金(500円玉、100円玉、50円玉、10円玉)が1枚ずつ
あります。このうち2枚を組み合わせてできる金額を全部いいましょう。

答え　右の図のように、線をひいて調べること
ができます。組み合わせは全部で6通り
だから、できる金額は

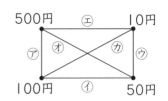

⑦　500＋100＝600　　　　⑦　100＋50＝150

⑦　10＋50＝60　　　　　⑦　500＋10＝510

⑦　500＋50＝550　　　　⑦　10＋100＝110

だから

600円、550円、510円、150円、110円、60円

つないでいこう 算数の目 〜大切な見方・考え方 教 p.185

① 落ちや重なりをなくすために、整理し、順序立てて考える

㋑、㋒

考える力を
のばそう

関係に注目して 教 p.186〜187

1 答　え

❶

段の数 x(段め)	1	2	3	4	5	6
板の数 y(枚)	1	3	5	7	9	11

❷ xの値が2倍、3倍、…になっても、それにともなってyの値が
2倍、3倍、…になっていないので、**比例していない。**

❸ （例）**あ　み**…表を横に見ると、段の数が1段増えると、板の数
は2枚ずつ増えている。

こうた…表を縦に見ると、板の数と段の数の差が1ずつ
増えている。

❹

― あみ ―――――

$$1+\underbrace{2+2+\cdots\cdots\cdots\cdots+2}_{2 が(21-1)こ}=1+2\times(21-1)$$
$$=\boxed{41} \qquad 答え \boxed{41}枚$$

― こうた ―――――

段の数に、段の数から1ひいた数をたすと、板の数になる。

$$21+20=\boxed{41} \qquad\qquad 答え \boxed{41}枚$$

表の空らんは、2人とも**41**が入ります。

❺ **あ　み**…1段めの板は1枚で、段の数が1段増えると板の数は
2枚ずつ増える。

2枚ずつ増える回数は、（段の数−1）回となるから

$$1+2\times(21-1)$$

こうた…段の数に、段の数から1ひいた数をたすと、板の数に
なるから

$$21+(21-1)=21+20$$

12

並べ方と組み合わせ方／考える力をのばそう

203

⑥　１…１段めの板の数

　　２…段の数が１増えるときに増える板の枚数

　　（21−1）…増える回数

⑦　④のあみさんの式の21のかわりに50をあてはめて

　　式　１+2×（[50]−1）=[99]　　　　　　答え　[99]枚

⑧　１+2×（[x]−1）=[y]

　　し　ほ…こうたさんの考えをもとにすると　　$x+(x-1)=y$

算数で
読みとこう

プラスチックごみについて調べよう 教 p.188〜189

① ① 海洋ごみの中のプラスチックの重さの割合は $\frac{23}{100}$ だから、およそ

$$\frac{\overset{1}{\cancel{25}}}{\underset{4}{\cancel{100}}}=\frac{1}{4}$$

答え　およそ $\frac{1}{4}$

② （例）データ１を見ると、自然物のごみが多いので、わたしたちが

出すごみはそこまで多くないと思います。でも、データ２を見ると、

個数の割合では全体のおよそ $\frac{2}{3}$ がプラスチックごみだから、

プラスチックごみも多いといえます。

③ データ３を見ると、日本の海洋プラスチックごみのうち、

プラスチックボトル類の個数の割合は、[48]％です。

　日本の海洋ごみ全体の個数のうち、プラスチックボトル類の個数

の割合は、データ２と合わせて見ると、$0.66×0.48=0.3168$

だから、全体の約32％となります。　　　　答え　約32％

④ 年ごとのペットボトルの軽量化の割合は、2019年から2020

年にかけても増えているので、ペットボトル１本あたりのプラス

チックの量は2020年のほうが減った。つまり、１本あたりで

減らせたプラスチックの量は2020年のほうが多いから、教科書

189ページの下の考えは**正しくない**。

データを使って生活を見なおそう

教 p.191

1 6年生67人の1週間の家庭学習時間の合計は、下の表(省略)のように
なりました。

この表から、どのようなことがわかりますか。

ねらい 自分たちの家庭学習時間の合計の表から、家庭学習時間が長いのか
短いのか調べます。

答 え
- （例） 表では、6年生1人ひとりを番号で表している。
- こうた…いちばん長く勉強している人の時間は、1090分である
　　　　ことがわかる。
- し　ほ…平均値(へいきんち)を計算して求めることができる。
- （例） ほかの代表値を求めるには、少ない時間から多い時間に順に
　　　　並(なら)びかえるとよい。
- みさき…このままだと、全体の様子や、自分の時間が長いのか、
　　　　短いのかがわかりにくい。

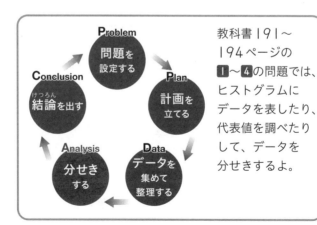

教科書191～
194ページの
1～**4**の問題では、
ヒストグラムに
データを表したり、
代表値を調べたり
して、データを
分せきするよ。

2 みさきさんは、教科書191ページの表を下のヒストグラムに表しました。
このヒストグラムから、どのようなことがわかりますか。

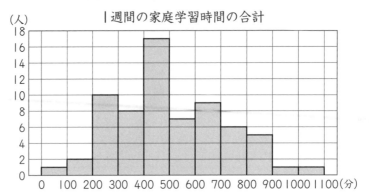

1週間の家庭学習時間の合計

① 上のヒストグラムを見て、わかることを説明しましょう。

② みさきさんの学校では、1日の家庭学習
時間の目標を右のように決めています。
　この目標時間と上のヒストグラムを見て、
気づいたことを説明しましょう。

> ますりん小学校
> 1日の家庭学習時間の目標
> | 学年の数×10+10 | (分)

ねらい 自分たちの家庭学習時間の合計のヒストグラムから、家庭学習時間が
長いのか短いのか調べます。

答え ① ・り　く…みさきさんの1週間の家庭学習時間の合計は、485
　　　　　　　　分だから、みさきさんの時間が入っている階級は、
　　　　　　　　いちばん多い。

　　　・あ　み…多くの人は、200分以上の学習時間である。

　　　・(例)　代表値の多くが400分以上500分未満の階級に入って
　　　　　　　いるように思える。

② ・みさき…自分の1日あたりの家庭学習時間は
　　　　　　　485÷7=69.2…(分)だから、目標の
　　　　　　　6×10+10=70(分)より短い。

　　　・はると…1週間の目標時間の 70×7=490(分) をふくむ
　　　　　　　400分以上の階級を見ると、人数は
　　　　　　　　17+7+9+6+5+1+1=46(人)
　　　　　　　で学年全体の半分の 67÷2=33.5(人) より多い
　　　　　　　ことがわかる。

3 しほさんは、家庭学習時間について
教科書191ページのデータから右の表の
値を求めました。

　これらの値から、どのようなことが
わかりますか。

値	時間(分)
平均値	500
中央値	480
最頻値	450
最大の値	1090
最小の値	85

平均値は、小数第1位を
四捨五入した。

① みさきさんは、上の表を見て、下のように考えました。

　みさきさんの考えについて、あなたはどのように考えるか説明しましょう。

　みさき…わたしの時間は485分で、学年全体の平均値は500分。

　　　　　だから、学年の真ん中より…。

② 上の表から、学年全体の家庭学習時間についてわかることを説明しましょう。

③ りくさんは、データから曜日ごとの家庭学習時間を調べて、ヒストグラムに
表すことにしました。

　このときのヒストグラムの階級の幅は、前のページと同じように100分で
よいでしょうか。みんなで話し合ってみましょう。

ねらい 1週間の家庭学習時間の代表値からわかることを考えます。

答え
① みさきさんの時間は、全体の平均時間より短いけれど、中央値の
　　480分よりは長いから、学年の真ん中よりは学習時間が長い。

② ・**はると**…中央値が480分。学年の目標時間は490分だから、
　　　　　　半分以上の人は、目標に達していない。

　・**あ　み**…平均値が500分。これは7日間の値だから、1日で
　　　　　　考えると約71分。みんな毎日71分も家庭学習を
　　　　　　しているようだ。

　・(例)　平均値と同じ500分勉強している人は、学年の真ん中
　　　　　より学習時間が20分くらい長そうだ。

③ ・**こうた**…階級の幅が100分だと、毎日71分勉強している人も、
　　　　　　10分勉強している人も同じ階級になってしまう。

　・(例)　1日あたりでいちばん長く勉強している人の時間を
　　　　　参考にしたい。

教 p.194〜195

4 教科書194ページのヒストグラムは、学年全体の、曜日ごとの家庭学習時間を表したものです。

これらのヒストグラムから、どのようなことがわかりますか。

① 家庭学習時間の、曜日による特ちょうはあるでしょうか。

ヒストグラムを見て、みんなで話し合いましょう。

② みさきさんの1週間の家庭学習時間は、下の表のとおりです。

この表と、教科書194ページのヒストグラムを比べて、気づいたことをいいましょう。

みさきさんの1週間の家庭学習時間

	月	火	水	木	金	土	日	合計(分)
家庭学習時間(分)	90	120	75	80	30	45	45	485

ねらい ▶ 自分たちの曜日ごとの家庭学習時間の特ちょうをヒストグラムから読み取って考えます。

答え ▶ ①
- こうた…月曜日、火曜日、木曜日はヒストグラムの形が似ているが、5時間授業の水曜日とは形がちがっている。
- あ み…水曜日は、100分以上120分未満の人数がほかの曜日より多い。
- し ほ…金曜日、土曜日、日曜日は、80分以上家庭学習をしている人が少ない。

②
- (例) みさきさんの曜日ごとの家庭学習時間は、学年全体のヒストグラムの曜日ごとの特ちょうにあてはまるところが多いように思える。

教 p.195

5 これまでに分せきしたことから、家庭学習時間について見なおすべきことや、さらに調べたいことを話し合いましょう。

答え ▶ 省略

算数のしあげ

算数の学習をしあげよう

1 数と計算

1 数の表し方としくみ

教 p.196〜197

> 1 下の絵は、今から5000年前のエジプトで使われていた数字です。
>
> 　今、わたしたちが使っている数の表し方と比べて、気づいたことを
> 話し合いましょう。

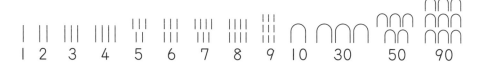

答え （例）

エジプトで使われていた数字は

- 位が上がるごとに新しいものが使われている。
- その位の数が何こあるかは、その分だけ数字を表す図を
  かかなければいけない。

わたしたちが使っている数の表し方は

- 数字を書く位置で何の位かを決めて、その位の数が何こあるかで
  大きさを表している。
- 0〜9の10この数字と小数点を使うと、どんな大きさの数も
  表せる。

① 208050000　② 357こ　③ 6億
　　　④ 4700

② ① 42.195　② 12.9　③ 1230
　　④ 0.0098　⑤ $\dfrac{2}{3}$　⑥ 20こ

③ ① $\dfrac{1}{8} = 1 \div 8 = 0.125$　② $\dfrac{9}{5} = 9 \div 5 = 1.8$

　③ $0.7 = \dfrac{7}{10}$　④ $2.03 = \dfrac{203}{100}\left(2\dfrac{3}{100}\right)$

④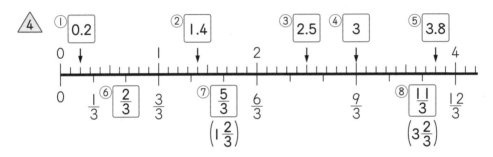

① 0.2　② 1.4　③ 2.5　④ 3　⑤ 3.8

⑥ $\dfrac{2}{3}$　⑦ $\dfrac{5}{3}\left(1\dfrac{2}{3}\right)$　⑧ $\dfrac{11}{3}\left(3\dfrac{2}{3}\right)$

2 たし算とひき算

教 p.198

①
$$\begin{array}{r} 4.8 \\ +\ 2.3 \\ \hline 7.1 \end{array}$$
②
$$\begin{array}{r} 16.6 \\ +\ \ 3.4 \\ \hline 20.0 \end{array}$$
③
$$\begin{array}{r} 50.8 \\ +\ \ 7.34 \\ \hline 58.14 \end{array}$$
④
$$\begin{array}{r} 2.53 \\ +\ 8.6 \\ \hline 11.13 \end{array}$$

⑤
$$\begin{array}{r} 7.6 \\ -\ 5.3 \\ \hline 2.3 \end{array}$$
⑥
$$\begin{array}{r} 4.8 \\ -\ 2 \\ \hline 2.8 \end{array}$$
⑦
$$\begin{array}{r} 9.152 \\ -\ 8.72 \\ \hline 0.432 \end{array}$$
⑧
$$\begin{array}{r} 2.5 \\ -\ 1.86 \\ \hline 0.64 \end{array}$$

⑥ ① $\dfrac{3}{7} + \dfrac{6}{7} = \dfrac{9}{7}\ \left(1\dfrac{2}{7}\right)$　② $\dfrac{4}{5} + \dfrac{1}{3} = \dfrac{12}{15} + \dfrac{5}{15} = \dfrac{17}{15}\ \left(1\dfrac{2}{15}\right)$

　③ $1\dfrac{1}{6} + 2\dfrac{3}{4} = 1\dfrac{2}{12} + 2\dfrac{9}{12} = 3\dfrac{11}{12}\ \left(\dfrac{47}{12}\right)$

　④ $\dfrac{9}{8} - \dfrac{3}{8} = \dfrac{\overset{3}{\cancel{6}}}{\underset{4}{\cancel{8}}} = \dfrac{3}{4}$　⑤ $\dfrac{4}{7} - \dfrac{1}{5} = \dfrac{20}{35} - \dfrac{7}{35} = \dfrac{13}{35}$

　⑥ $3\dfrac{5}{6} - 2\dfrac{4}{9} = 3\dfrac{15}{18} - 2\dfrac{8}{18} = 1\dfrac{7}{18}\ \left(\dfrac{25}{18}\right)$

⑦ ① $(198 + 84) + 16 = 198 + (\boxed{84} + 16)$
　② $0.8 + 7.6 = \boxed{7.6} + 0.8$

考え方 ①、③　計算の順序をくふうします。

②、④〜⑧　かっこのある計算では、かっこの中を先に計算します。

① $197+236+64=197+(236+64)$
$$=197+300$$
$$=497$$

② $1000-(350-200)=1000-150$
$$=850$$

③ $6.3+1.75+3.7=6.3+3.7+1.75$
$$=10+1.75$$
$$=11.75$$

④ $17.3+(12-9.2)=17.3+2.8$
$$=20.1$$

⑤ $3.4-(2.9-1.1)=3.4-1.8$
$$=1.6$$

⑥ $28.3-(13.6+1.4)=28.3-15$
$$=13.3$$

⑦ $\dfrac{3}{2}-\left(\dfrac{2}{3}+\dfrac{1}{6}\right)=\dfrac{3}{2}-\left(\dfrac{4}{6}+\dfrac{1}{6}\right)$
$$=\dfrac{3}{2}-\dfrac{5}{6}$$
$$=\dfrac{9}{6}-\dfrac{5}{6}$$
$$=\dfrac{4}{6}$$
$$=\dfrac{2}{3}$$

⑧ $\dfrac{7}{3}-\left(\dfrac{13}{12}-\dfrac{3}{4}\right)=\dfrac{7}{3}-\left(\dfrac{13}{12}-\dfrac{9}{12}\right)$
$$=\dfrac{7}{3}-\dfrac{4}{12}$$
$$=\dfrac{7}{3}-\dfrac{1}{3}$$
$$=\dfrac{6}{3}$$
$$=2$$

 ①　$1500-x=700$　　②　$x+150=y$　　③　$x+y=800$

3　かけ算とわり算　　　　　　　　　　教 p.199

①
```
    537
  ×  46
   3222
  2148
  24702
```

②
```
    326
  × 418
   2608
   326
  1304
  136268
```

③
```
     34
 6)204
    18
    24
    24
     0
```

④
```
      8
 45)360
    360
      0
```

⑤
```
    2.6
  ×   8
   20.8
```

⑥
```
    1.7
  × 3.6
    102
    51
   6.12
```

⑦
$$
\begin{array}{r}
7.04 \\
\times\ \ 5.2 \\
\hline
1408 \\
3520\ \ \ \\
\hline
36.608
\end{array}
$$

⑧
$$
\begin{array}{r}
24.5 \\
\times\ 0.34 \\
\hline
980 \\
735\ \ \\
\hline
8.330
\end{array}
$$

⑨
$$
\begin{array}{r}
1.2 \\
7\,\overline{)8.4} \\
7\ \ \\
\hline
14 \\
14 \\
\hline
0
\end{array}
$$

⑩
$$
\begin{array}{r}
3.5 \\
2{,}6\,\overline{)9{,}1} \\
78\ \ \\
\hline
130 \\
130 \\
\hline
0
\end{array}
$$

⑪
$$
\begin{array}{r}
3.2 \\
14{,}5\,\overline{)46.4} \\
435\ \ \\
\hline
290 \\
290 \\
\hline
0
\end{array}
$$

⑫
$$
\begin{array}{r}
5 \\
0{,}42\,\overline{)2{,}10} \\
210 \\
\hline
0
\end{array}
$$

⑬ $\dfrac{2}{3}\times 6 = \dfrac{2\times\overset{2}{\cancel{6}}}{\underset{1}{\cancel{3}}} = 4$

⑭ $\dfrac{3}{5}\times\dfrac{10}{9} = \dfrac{\overset{1}{\cancel{3}}\times\overset{2}{\cancel{10}}}{\underset{1}{\cancel{5}}\times\underset{3}{\cancel{9}}} = \dfrac{2}{3}$

⑮ $\dfrac{7}{13}\times 1\dfrac{6}{7} = \dfrac{7}{13}\times\dfrac{13}{7} = \dfrac{\overset{1}{\cancel{7}}\times\overset{1}{\cancel{13}}}{\underset{1}{\cancel{13}}\times\underset{1}{\cancel{7}}} = 1$

⑯ $\dfrac{3}{4}\div\dfrac{1}{3} = \dfrac{3\times 3}{4\times 1} = \dfrac{9}{4}\quad \left(2\dfrac{1}{4}\right)$

⑰ $\dfrac{8}{7}\div 4 = \dfrac{\overset{2}{\cancel{8}}\times 1}{7\times\underset{1}{\cancel{4}}} = \dfrac{2}{7}$

⑱ $1\dfrac{5}{8}\div 2\dfrac{1}{4} = \dfrac{13}{8}\div\dfrac{9}{4} = \dfrac{13\times\overset{1}{\cancel{4}}}{\underset{2}{\cancel{8}}\times 9} = \dfrac{13}{18}$

⚠️ ① $96 - 72\div 8 = 96 - 9 = 87$

② $(4.5 - 2)\div 0.125 = 2.5\div 0.125 = 20$

③ $\dfrac{7}{3}\div 28\times 0.8 = \dfrac{7}{3}\div\dfrac{28}{1}\times\dfrac{8}{10} = \dfrac{\overset{1}{\cancel{7}}\times 1\times\overset{2}{\cancel{8}}}{3\times\underset{4}{\cancel{28}}\times\underset{5}{\cancel{10}}} = \dfrac{1}{15}$

④ $2 - \dfrac{4}{5}\times\dfrac{3}{8}\div 7.2 = 2 - \dfrac{4}{5}\times\dfrac{3}{8}\div\dfrac{72}{10} = 2 - \dfrac{\overset{1}{\cancel{4}}\times 3\times\overset{2}{\cancel{10}}}{5\times\underset{2}{\cancel{8}}\times\underset{24}{\cancel{72}}} = 2 - \dfrac{1}{24}$

$$= 1\dfrac{23}{24}\quad \left(\dfrac{47}{24}\right)$$

① $7\times25\times4=7\times(25\times4)$　② $1.25\times7.2\times8=(1.25\times8)\times7.2$

$=7\times100$　$=10\times7.2$

$=700$　$=72$

③ $2.4\times9.3-7.3\times2.4=9.3\times2.4-7.3\times2.4$

$=(9.3-7.3)\times2.4$

$=2\times2.4$

$=4.8$

④ $\left(\dfrac{6}{5}-\dfrac{3}{4}\right)\times400=\dfrac{6}{5}\times400-\dfrac{3}{4}\times400$

$\phantom{④\ \left(\dfrac{6}{5}-\dfrac{3}{4}\right)\times400}=480-300$

$\phantom{④\ \left(\dfrac{6}{5}-\dfrac{3}{4}\right)\times400}=180$

⑤ $3\times998=3\times(1000-2)$　⑥ $1.01\times23=(1+0.01)\times23$

$=3\times1000-3\times2$　$=1\times23+0.01\times23$

$=3000-6$　$=23+0.23$

$=2994$　$=23.23$

 ① $150\times x=750$　② $x\times1.5=y$

 4 数の性質や処理　　教 p.200

 ① 偶数　② 奇数　③ 奇数　④ 偶数

 ① 8　② 15　③ 40

16 ① 7　② 16　③ 6

17 ① 24000　② 100000　③ 400000　④ 900000

18 47500以上48500未満

 あ　み…式　エ（ウでもよい。）

　　　理由　たりるかどうかを考えるので、一の位を切り上げした金額で
　　　　　　考える。（正しい代金の金額で考えてもよい。）

　こうた…式　ウ

　　　理由　代金の合計が正しいかどうかを考えるので、正しい代金の金額で
　　　　　　考える。

2 図形

1 図形の性質

教 p.202〜203

1 これまでに学習した四角形について見なおしてみましょう。

① 長方形の1つの角の大きさは何度ですか。

② ①で答えたことと同じ性質をいつでももっている四角形は、長方形の
ほかにありますか。

③ 平行四辺形の向かい合った2組の辺は、どのように並んでいますか。

④ ③で答えたことと同じ性質をいつでももっている四角形は、平行四辺形の
ほかにありますか。

答え
① 90°
② 正方形
③ 平行
④ ひし形、長方形、正方形

性質＼名前	台形	平行四辺形	ひし形	長方形	正方形
向かい合った2組の辺が平行である		○	○	○	○
4つの辺の長さがすべて等しい			○		○
4つの角がすべて直角である				○	○
2本の対角線の長さが等しい				○	○
2本の対角線が垂直である			○		○

2 線対称な図形…㋐、㋒、㋓   点対称な図形…㋑、㋒、㋓
対称の軸、対称の中心は下の図のようになります。

㋐   ㋑   ㋒   ㋓

3 ① 3つの辺の長さが㋐と等しい三角形をかく。

② ㋐の三角形の3つの辺の長さをそれぞれ2倍した三角形をかく。

③ ㋐の三角形の3つの辺の長さをそれぞれ $\frac{1}{2}$ にした三角形をかく。

（図は省略）

①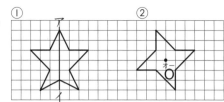

 ⑤

㋐	$180-(60+70)=180-130=50$	50°
	㋑ $180-60=120$　$360-(60+70+120)=110$	110°
㋒	$360÷6=60$	60°

㋓　正六角形の中にできる6つの三角形はすべて正三角形だから、㋓の角度は、
　　正三角形の1つの角の大きさを2倍して、

$$60×2=120$$　　　　　　　　　　120°

六角形の6つの角の大きさの和720°を6でわって120°を求めてもよい。

2 面積、体積

教 p.204

2 右の四角形ABCD の面積を求めましょう。

 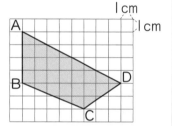

1　2人の考えを説明しましょう。

りく

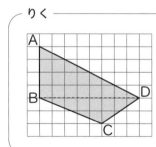

三角形ABDと三角形BCDに分けて考えると、

三角形ABD　$8×4÷2=\boxed{16}$(cm²)

三角形BCD　$8×2÷2=\boxed{8}$(cm²)

答え　$\boxed{24}$cm²

あみ

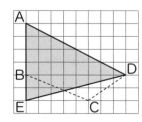

三角形BCDの面積を変えずに、頂点CをEに

移すと、三角形AEDができる。

三角形AED　$6×8÷2=\boxed{24}$(cm²)

答え　$\boxed{24}$cm²

⑥ ① $2×5=10$ 答え 10cm²

② $4.2×4.2=17.64$ 答え 17.64cm²

③ $2.5×5=12.5$ 答え 12.5cm²

④ $2×5÷2=5$ 答え 5cm²

⑤ 台形だから　$(4+6)×3÷2=15$ 答え 15cm²

⑥ ひし形だから　$8×15÷2=60$ 答え 60cm²

⑦ ① $20×30-7×10=530$ 答え 530m²

② $20×30-7×10=530$ 答え 530m²

⑧ ① 面積　　　　$2×2×3.14=12.56$ 答え 12.56cm²

まわりの長さ $2×2×3.14=12.56$ 答え 12.56cm

② 面積　　　　$8×8×3.14÷4-4×4×3.14÷2=25.12$

答え 25.12cm²

まわりの長さ $8×3.14÷2+8×2×3.14÷4+8=33.12$

答え 33.12cm

⑨ ① $4×8.5×6=204$ 答え 204cm³

② $8×8×8=512$ 答え 512m³

③ 右の図のように、大きな直方体を考えると

$5×10×8-5×4×4=320$

答え 320cm³

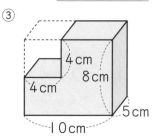
③

⑩ ① $5×3÷2×3=22.5$ 答え 22.5cm³

② $5×5×3.14×9=706.5$ 答え 706.5cm³

③ $(5+3)×2÷2×4=32$ 答え 32cm³

3 測定

量の比べ方と単位

 p.207

① ① cm　② m　③ km²　④ g

② ① $1cm=\boxed{10}mm$ ② $1m=\boxed{100}cm$

③ $1m²=\boxed{10000}cm²$ ④ $1km²=\boxed{1000000}m²$

⑤ $1L=\boxed{1000}cm³$ ⑥ $1m³=\boxed{1000000}cm³$

⑦ $1kg=\boxed{1000}g$ ⑧ $1t=\boxed{1000}kg$

4 変化と関係

1 変わり方と比例、反比例　　教 p.208

⚠ ①

三角形の数　x(こ)	1	2	3	4	5	6
棒の数　　　y(本)	3	5	7	9	11	13

② 三角形の数が1こ増えるごとに棒の数は2本ずつ増える。

   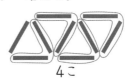

1こ	2こ	3こ	4こ
1+2×1	1+2×2	1+2×3	1+2×4

…

三角形の数が10このときは

1+2×10=21

答え　**21本**

② ① yがxに比例しているもの

　　　ⓘ　（xの値が2倍、3倍、…になると、それにともなってyの値も2倍、
　　　　　3倍、…になっているから）

　　yがxに反比例しているもの

　　　ⓐ　（xの値が2倍、3倍、…になると、それにともなってyの値が$\frac{1}{2}$倍、

　　　　　$\frac{1}{3}$倍、…になっているから）

② ⓐ　長方形の面積＝縦×横だから　　　$20=x×y$　　$y=20÷x$

　　ⓘ　道のり＝速さ×時間だから　　　$y=40×x$

③ ⓘでは、yはxに比例している。比例する2つの数量の関係を表すグラフは、
　直線になり、0の点を通るから　　ⓚ

③ ㋐ （例）

1辺の長さ　x(cm)	1	2	3	4	5	6
面積　　　　y(cm²)	1	4	9	16	25	36

㋑ （例）

高さ　　　　x(cm)	1	2	3	4	5	6
面積　　　　y(cm²)	2	4	6	8	10	12

㋒ （例）

時速　　　　x(km)	1	2	4	5	10	20
時間　　　　y(時間)	20	10	5	4	2	1

yがxに比例するもの

　　㋑　（xの値が2倍、3倍、…になると、それにともなってyの値も2倍、
　　　　3倍、…になっているから）

y が x に反比例するもの

ウ （x の値が2倍、3倍、…になると、それにともなって y の値が $\frac{1}{2}$ 倍、$\frac{1}{3}$ 倍、…になっているから）

2　速さ、単位量あたりの大きさ

教 p.209

1　速さの意味を見なおしましょう。

| 1時間に進んだ道のり
ア　人が歩く…4km
イ　自転車で走る…20km
ウ　ミツバチが飛ぶ…27km

① 上のア、イ、ウのうち、いちばん速いのはどれですか。

② ①で答えた理由を説明しましょう。

③ もし、人が2時間止まらずに歩いたとしたら、何km進みますか。

答え　① ウ

② 同じ1時間で進んだ道のりがいちばん長いから。

③ 人…4×2=8　8km

自転車…20×2=40　40km
ミツバチ…27×2=54　54km

4 ① 2800÷7=400　　　　　　　　　答え　400L

② 400×365=146000　　　　　　　答え　146000L

5 1m² あたりの平均の人数を考えると

A　12÷30=0.4

B　20÷48=0.41̇6̇…

Bの部屋のほうが、1m² あたりの人数が多いので、**Bの部屋のほうがこんでいる。**

1人あたりの平均の面積を考えると

A　30÷12=2.5

B　48÷20=2.4

Bの部屋のほうが、1人あたりの面積がせまいので、**Bの部屋のほうがこんでいる。**

6 考え方 速さ＝道のり÷時間、道のり＝速さ×時間　を使って求めます。

① 500÷4＝125　　**分速125m**

② 420÷30＝14　　**秒速14m**

③ 200×30＝6000　　**6000m**

④ 1時間15分＝1$\frac{15}{60}$時間＝1$\frac{1}{4}$時間だから

$40×1\frac{1}{4}＝50$　　　　　　　　　　　　　　　答え　**50km**

⑤ かかる時間をx時間とすると、1.8km＝1800mだから

$60×x＝1800$

$x＝1800÷60＝30$　　　　　　　　　　　答え　**30分**

 7 ① 2時間25分＝2$\frac{25}{60}$時間＝2$\frac{5}{12}$時間だから、時速は

$515÷2\frac{5}{12}＝515÷\frac{29}{12}＝515×\frac{12}{29}＝\frac{6180}{29}＝213.\cancel{1}\cdots$

答え　**時速213km**

② 2時間25分＝145分＝8700秒、515km＝515000mだから、秒速は

$515000÷8700＝59.\cancel{1}\cdots$　　　　　答え　**秒速59m**

1時間＝60分＝3600秒で、213km＝213000m
だから、秒速は

$213000÷3600＝59.\cancel{1}\cdots(m)$

としてもよい。

13 算数のしあげ

3 割合

教 p.211~212

2 下の㋐、㋑の飲み物のうち、果じゅうの割合が多いといえるのは、どちらですか。

㋐ 全体…200mL 果じゅう…100mL

㋑ 全体…500mL 果じゅう…100mL

1 上の㋐、㋑では、それぞれ全体の量をもとにして1とみたとき、果じゅうの量はどれだけにあたりますか。

2 上の㋐の飲み物400mLには、果じゅうが何mLふくまれていますか。

答え **2** ㋐

1 ㋐ 100÷200=0.5 **0.5**

㋑ 100÷500=0.2 **0.2**

こうた…㋐は、200mLを1とみると、100mLは半分だから **0.5** にあたる。

2 400×0.5=200 **200mL**

8 ① 1% ② 10% ③ 105% ④ 150%

9 **考え方** ① 30×0.07=2.1 ② 2÷5=0.4
③ □×0.25=1.5 ④ 2000×(1-0.2)=1600

① 30Lの7%は **2.1** L です。

② 2kgは、5kgの **40** %です。

③ **6** mの25%は1.5mです。

④ 2000円の品物を、20%びきで買うと、 **1600** 円です。

10 ① 900÷750=1.2 1.2=120% 答え **120%**

② 75%=0.75 だから 900×0.75=675 答え **675人**

③ 先月の入館者数をx人とすると、30%=0.3だから

$x×0.3=900$

$x=900÷0.3$

$=3000$ 答え **3000人**

⚠11 ① $2 \div 7 = \dfrac{2}{7}$　② $15 : 9 = 5 : 3$　③ $28 : 4 = 35 : x$　$x = 4 \times 1.25$
　　　　　　　　　　　　　　　　　　　　　　　　　$= 5$

⚠12 牛乳の量を x mL とする。　$5 : 2 = 1000 : x$　$x = 2 \times 200$
　　　　　　　　　　　　　　　　　　　　　　　　$= 400$　　答え　400 mL

5 データの活用

⚠1 ① ⑦ 棒グラフ　　⑦ 折れ線グラフ　　⑦ 円グラフ
　　　⑦ ヒストグラム(柱状グラフ)

② (1) ⑦　　(2) ⑦　　(3) ⑦　　(4) ⑦

③ (1)

④ 正しくない。
　　(理由)(例) あげパンが好きな人の人数は
　　　　　　　　東小学校　360×0.25=90(人)
　　　　　　　　西小学校　180×0.25=45(人)
　　　　　　だから、東小学校のほうが多い。

⚠2 ① 1組…34 m　　2組…33 m
② いえない。(1組では、平均値が入る階級に記録が集まっているが、2組では、
　平均値が入る階級の左右にちらばっている。)
③ 1組…34 m　　2組…36 m
④ データの個数が14個で偶数なので、中央値は小さいほうから7番めと
　8番めの値の平均となる。それぞれのクラスの記録を小さい順に並べると
　　　1組　25、28、31、32、32、33、34、34、34、34、36、38、
　　　　　40、45　　　　　　7番め→　　→8番め
　　　2組　23、24、26、27、27、31、34、35、36、36、36、37、
　　　　　42、48　　　　　　7番め→　　→8番め

　　中央値は
　　　1組　(34+34)÷2=34　　34 m
　　　2組　(34+35)÷2=34.5　　34.5 m
⑤ 1組…30 m以上35 m未満
　2組…35 m以上40 m未満

6 考える方法や表現

1 筋道を立てて考える

教 p.217

1 図形の角の大きさの和の学習をふり返りましょう。

① 三角形の3つの角の大きさの和は、180°になります。
このことを見つけるとき、どのような調べ方をしましたか。

② 四角形の4つの角の大きさの和は、360°になります。
このことを見つけるとき、どのような調べ方をしましたか。

答え ▶ ① いくつかの三角形の3つの角の大きさを調べて、どの三角形も
3つの角の大きさの和が180°であることを見つけた。

② すでにわかっている「三角形の3つの角の大きさの和が180°
である」ことを使って、四角形の4つの角の大きさの和が360°
であることを見つけた。

2 考えるときの表現~表、式、図

教 p.218~219

2 長さの等しい棒で、右のように
正六角形を作り、横に並べて
いきます。
正六角形を30こ作るとき、棒は
何本いりますか。

① あみさんのように、きまりを見つけたいと考えたとき、どんな方法が
ありましたか。

② しほさんは、教科書218ページの表を見て、正六角形を30こ作るときの
棒の数を下の式で求めました。

しほ
$$6+5×(30-1)=151$$
答え 151本

しほさんの式の、6、5、(30-1)は、それぞれ何を表していますか。

③ しほさんの考えをもとにして、正六角形の数 x と棒の数 y の関係を式に表しましょう。

④ ③で表した式を使って、正六角形の数 x が101のときの棒の数 y を求めましょう。

⑤ こうたさんは、正六角形を30こ作るときの棒の数を、図を使って下のように考えました。

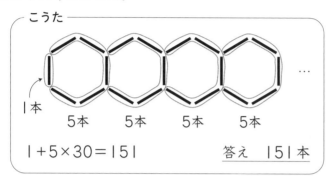

こうた

1本

5本　　5本　　5本　　5本

1+5×30=151　　　　　　答え　151本

こうたさんの式の、1、5、30は、それぞれ何を表していますか。

⑥ こうたさんの考えをもとにして、正六角形の数 x と棒の数 y の関係を式に表しましょう。

⑦ ⑥で表した式を使って、正六角形の数 x が200のときの棒の数 y を求めましょう。

答え ①　表に整理して、横に見たり縦に見たりしてきまりを見つけた。

②　6…1こめの正六角形の棒の数
5…正六角形の数が1増えるときに増える棒の数
（30−1）…増える回数

③　$6+5×(x-1)=y$

④　$6+5×(101-1)=6+5×100$
$=6+500$
$=506$

⑤　1…最初におく棒
5…正六角形を作るときにつけたす棒の数
30…正六角形の数

⑥　$1+5×x=y$

⑦　$1+5×200=1001$

13
算数のしあげ

╲算数╱
卒業旅行

中学校体験入学コース　　　　　　　　　　📖 p.221〜223

1 0より小さい数

① 2+⑤=⑦　　② 7-③=④　　③ 4-⑥=-2

④ -2…0より2小さい数、-3…0より3小さい数　　⑤ -2　　⑥ 省略

2 図形の性質の利用

① **ひし形**

　　理由…辺AB、BC、CD、DAはどれも円の半径で長さが等しいから。

② **垂直に交わっている。**

③ 図…省略

　　理由…ひし形は線対称で、直線サシを対称の軸とすると、点Eと対応する点を
　　結ぶ直線は、直線サシと垂直に交わるから。

国際コース　　　　　　　　　　　　　　　📖 p.224〜225

1 世界の筆算

① スウェーデン…1から7がひけないので、十の位の5から1くり下げる。
　　　　　　　　　そのことを10と表し、5に消し線をかいている。

　　ドイツ…………1から7がひけないので、ひかれる数とひく数にそれぞれ10
　　　　　　　　　をたして計算する。+10はひかれる数の一の位にたした10で、
　　　　　　　　　+1はひく数の十の位にたした10を表している。

　　モンゴル………1から7がひけないので、十の位の5から1くり下げる。
　　　　　　　　　そのことを5̇と表している。

　　タイ……………1から7がひけないので、十の位の5から1くり下げる。
　　　　　　　　　1に消し線をかいて11とし、11-7=4とし、1くり下げた
　　　　　　　　　ので、5に消し線をかいて4とし、4-2=2としている。

② ひかれる数とひく数にそれぞれ同じ数をたしても、答えが変わらないきまりを
　　使って、それぞれに10ずつたしている。

③ フランス………わる数を分子に、商を分母にした分数の形でかき、下にあまり
　　　　　　　　　を書いている。

　　インド…………商をわられる数の右側にかき、下にあまりを書いている。

　　韓国……………日本と同じ。

　　ブラジル………書き方はフランスと似ていて、あまりを求めるとき、-の記号
　　　　　　　　　を書いて計算している。

　　アルゼンチン…ブラジルと同じ。

2 おつりの求め方

720円に80円たして800円。800円に200円たして1000円。

だから、おつりは280円。

和算コース

教 p.226～227

1 鶴亀算

① 全部鶴だとしたときの足の数…**20本**

鶴が9羽、亀が1ぴきだとしたときの足の数…**22本**

鶴の数(羽)	10	9	8	7	6	5	4	3	2	1	0
亀の数(ひき)	0	1	2	3	4	5	6	7	8	9	10
足の数(本)	20	22	24	26	28	30	32	34	36	38	40

② **2本ずつ増える。**

③ 上の表より、**鶴6羽、亀4ひき**

④ $10 \times 2 - 28 \div 2 = 6$(羽)だから、**答えは同じになる。**

2 油わけ算

油わけ算の手順…1つのつぼと2つのますを使って1Lの油を5dLずつに分ける。

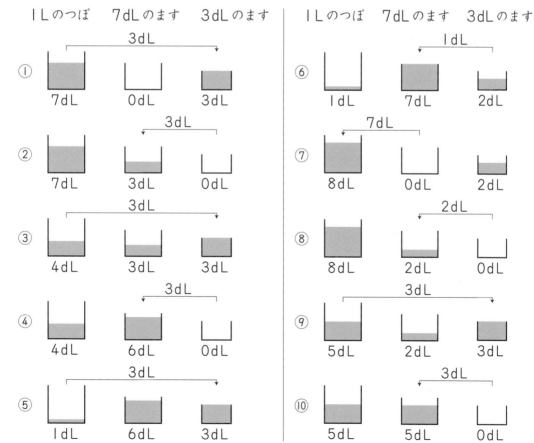

1Lのつぼ　7dLのます　3dLのます　　　1Lのつぼ　7dLのます　3dLのます

① 3dL　7dL　0dL　3dL　　　⑥ 1dL　1dL　7dL　2dL

② 3dL　7dL　3dL　0dL　　　⑦ 7dL　8dL　0dL　2dL

③ 3dL　4dL　3dL　3dL　　　⑧ 2dL　8dL　2dL　0dL

④ 3dL　4dL　6dL　0dL　　　⑨ 3dL　5dL　2dL　3dL

⑤ 3dL　1dL　6dL　3dL　　　⑩ 3dL　5dL　5dL　0dL

3 入れ子算

（例）　いちばん小さいなべの値段をx円として図に表すと、下のようになります。

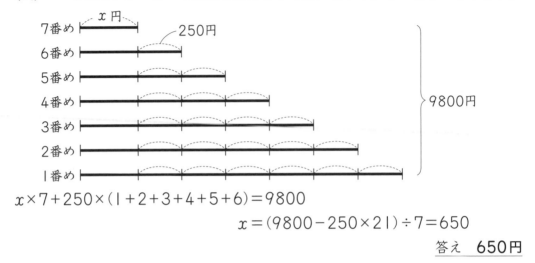

$$x×7+250×(1+2+3+4+5+6)=9800$$

$$x=(9800-250×21)÷7=650$$

答え　650円

クイズ・パズルコース

教 p.228〜230

1 どのように見える？

㋐…D　㋑…B　㋒…A　㋓…E　㋔…C

2 重ねた順番は？

①　いちばん上の正方形は**イ**で、4枚の正方形はこの大きさになります。

イを取りさると、**ア**の正方形が出てきます。そして、**ア**を取りさると**ウ**、

ウを取りさると最後に**エ**の正方形が残ります。（次のページの左の図）

答え　エ、ウ、ア、イ

②　いちばん上の正方形は**カ**で、9枚の正方形はこの大きさになります。

カを取りさると、**オ**の正方形が出てきます。そして、**オ**を取りさると**ケ**、

ケを取りさると**ク**、**ク**を取りさると**キ**、**キ**を取りさると**エ**、**エ**を取りさると**ア**、

アを取りさると**イ**の正方形が順に出てきて、**イ**を取りさると最後に**ウ**の正方形

が残ります。（次のページの右の図）

答え　ウ、イ、ア、エ、キ、ク、ケ、オ、カ

①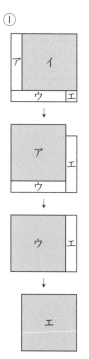

②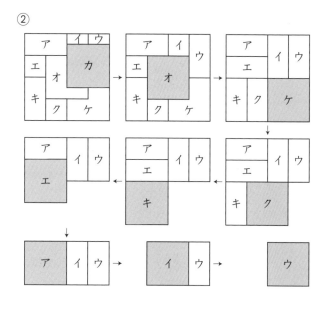

3 数のパズルにちょう戦！

それぞれの直線上の4つの数の和を、直線ごとに
すべてたすと、1から12までの和の2倍になる
ので、

(1+2+3+4+5+6+7+8+9+10
+11+12)×2

ここで、1から12までの和を、下のように
左と右のはしから順にたしていきます。

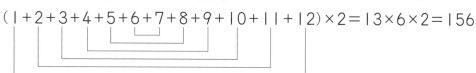

(1+2+3+4+5+6+7+8+9+10+11+12)×2＝13×6×2＝156

上の156は、直線上の4つの数の和を6回求めた和に等しいので、1つの直線上
の数の和は、156÷6＝26

これをもとに、直線上の4つの数の和が26になるようにすると、上の図のように
なります。

算数卒業旅行

4 棒を並べかえる！

①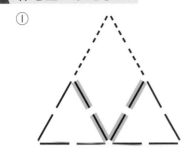

- - - - もとの位置
━━ 新しい位置

②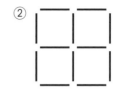

5 うそつき？ 正直者？

　たぬきが正直者とすると、きつねは正直者で、ねこはうそつきになります。
このとき、ねこは「たぬきはうそつき。」といいます。

　また、たぬきがうそつきとすると、きつねはうそつき、ねこは正直者となるので、
この場合も、ねこは「たぬきはうそつき。」といいます。

答え　（たぬきは）うそつき。

6 軽いコインが入ったふくろは？

　Aのふくろから順に、コインを1枚、2枚、3枚、4枚、5枚取り出し、はかりに
のせ、1500gより1g少なければ、Aのふくろ、2g少なければ、Bのふくろという
ように、1500gより何g軽いかによって、軽いコインが入ったふくろを見分けること
ができる。

7 15分をはかる

　11分の砂時計と7分の砂時計を同時にひっくり返す。7分の砂時計の砂が全部
落ちたときから時間をはかり始め、11分の砂時計の砂が全部落ちると4分になる。
そこからさらに、11分の砂時計をひっくり返し砂が全部落ちたときが15分になる。

8 全部で何試合？

①　8チームであれば、1チームだけが優勝し、残り7チームは敗れます。

　1試合で1チームが敗れるので、全部で7試合することになります。

　つまり、試合数は、チーム数から1ひいた数になります。　　　答え　7試合

②　48−1＝47　　　　　　　　　　　　　　　　　　　　　　答え　47試合

プログラミングを体験しよう！ 教 p.232〜233

1 4つの数の中でいちばん大きい数

2 ［１］［３］［２］［４］ →① ［１］［３］［２］［４］ →② ［１］［２］［３］［４］ →③ ［１］［２］［３］［４］
→④ ［３］が並べかえずみになる

3 しほ…１番めから最後まで数を調べるたびに、いちばん大きい数が並べかえずみ
の数になる。

4 （例）

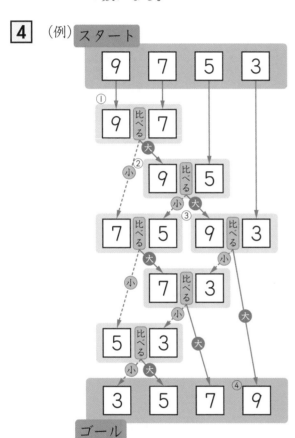

かたちであそぼう

教 p.234

一筆がき

1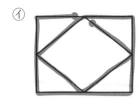

 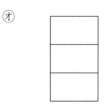 

一筆（ひとふで）がきでかけるもの…ア、イ、ウ、エ、カ

2 ア、イ、ウ、カ…それぞれの点から出る線の数がすべて偶数（ぐうすう）だから、一筆がき
でかける。

エ…奇数（きすう）の点が２つだから、奇数の点からかき始めるとき、一筆がきでかける。

オ…奇数の点が４つあるから、一筆がきでかけない。

3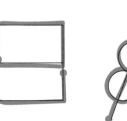

不思議な輪の変身

教 p.235

1 真ん中で切る…ねじれた１つの大きな輪ができる。

$\frac{1}{3}$ のところで切る…大きさのちがうねじれた２つの輪がつながったものができる。

2 正方形ができる。

できた形の辺は、もとの形の輪のまわりの長さにあたる。

3 長方形ができる。

はり合わせる角度を変えるとき $\begin{cases} ２つの輪の大きさが同じとき…ひし形 \\ ２つの輪の大きさがちがうとき…平行四辺形 \end{cases}$

ほじゅうのもんだい

教 p.236〜245

① つり合いのとれた図形を調べよう

教 p.236

 ① 直線JK　　② 2本

 垂直

 ① 辺FG

② 辺EFに対応する辺は辺KAだから　　2cm

③ 角Dに対応する角は角Jだから　　45°

 平行

 ウ、オ

② 数量やその関係を式に表そう

教 p.236〜237

 ① $1.2 \div x$

② $1.2 \div 4 = 0.3$

答え　0.3 L

エ ① 長方形の周の長さは20cmで、縦と横の長さの合計は、周の長さの$\frac{1}{2}$の

10cmになるから、横の長さは　　$10-x$

② $x \times (10-x)$

③ ②でつくった式のxに2をあてはめて　　$2 \times (10-2) = 2 \times 8 = 16$

答え　16cm²

 ① $30-x=y$　② $40 \times x=y$　③ $60 \div x=y$　④ $x+0.2=y$

オ $(x+8) \times 3 \div 2 = y$

③ 分数をかける計算を考えよう

教 p.237〜238

 ① $\frac{5}{8} \times 2 = \frac{5 \times \overset{1}{\cancel{2}}}{\underset{4}{\cancel{8}}} = \frac{5}{4} \quad \left(1\frac{1}{4}\right)$　② $\frac{1}{9} \times 6 = \frac{1 \times \overset{2}{\cancel{6}}}{\underset{3}{\cancel{9}}} = \frac{2}{3}$

③ $\frac{7}{4} \times 12 = \frac{7 \times \overset{3}{\cancel{12}}}{\underset{1}{\cancel{4}}} = 21$　④ $\frac{11}{25} \times 100 = \frac{11 \times \overset{4}{\cancel{100}}}{\underset{1}{\cancel{25}}} = 44$

 考え方 ⑦と⑰で約分できる2つの数の組を考えます。

⑦…4、⑦…3、⑰…6、⑤…2、⑦…9

⑦…9、⑦…2、⑰…6、⑤…3、⑦…4

新しい算数6　プラス

① $\dfrac{3}{4} \div 2 = \dfrac{3}{4 \times 2} = \dfrac{3}{8}$　　② $\dfrac{3}{5} \div 4 = \dfrac{3}{5 \times 4} = \dfrac{3}{20}$

③ $\dfrac{20}{9} \div 15 = \dfrac{\overset{4}{20}}{9 \times \underset{3}{15}} = \dfrac{4}{27}$　　④ $\dfrac{25}{9} \div 100 = \dfrac{\overset{1}{25}}{9 \times \underset{4}{100}} = \dfrac{1}{36}$

◆キ ① $\dfrac{3}{5} \times 2 \div 3 = \dfrac{\overset{1}{3} \times 2}{5 \times \underset{1}{3}} = \dfrac{2}{5}$　　② $\dfrac{13}{25} \times 100 \times 2 = \dfrac{13 \times \overset{4}{100} \times 2}{\underset{1}{25}} = 104$

③ $\dfrac{25}{9} \div 15 \times 18 = \dfrac{\overset{5}{25} \times \overset{2}{18}}{\underset{1}{9} \times \underset{3}{15}} = \dfrac{10}{3}$　$\left(3\dfrac{1}{3}\right)$

④ $\dfrac{36}{7} \div 6 \times 35 = \dfrac{\overset{6}{36} \times \overset{5}{35}}{\underset{1}{7} \times \underset{1}{6}} = 30$

△ク ① $\dfrac{1}{3} \times \dfrac{4}{5} = \dfrac{1 \times 4}{3 \times 5} = \dfrac{4}{15}$　　② $\dfrac{1}{6} \times \dfrac{7}{8} = \dfrac{1 \times 7}{6 \times 8} = \dfrac{7}{48}$

③ $\dfrac{5}{4} \times \dfrac{3}{7} = \dfrac{5 \times 3}{4 \times 7} = \dfrac{15}{28}$　　④ $\dfrac{5}{9} \times \dfrac{7}{2} = \dfrac{5 \times 7}{9 \times 2} = \dfrac{35}{18}$　$\left(1\dfrac{17}{18}\right)$

◆ク ① $\dfrac{1}{2} \times \dfrac{3}{10} = \dfrac{1 \times 3}{2 \times 10} = \dfrac{3}{20} = 3 \div 20 = 0.15$

$\dfrac{1}{2} \times \dfrac{3}{10} = 0.5 \times 0.3 = 0.15$

② $\dfrac{5}{8} \times \dfrac{3}{4} = \dfrac{5 \times 3}{8 \times 4} = \dfrac{15}{32} = 15 \div 32 = 0.46875$

$\dfrac{5}{8} = 5 \div 8 = 0.625$で、　$\dfrac{3}{4} = 3 \div 4 = 0.75$だから、

$\dfrac{5}{8} \times \dfrac{3}{4} = 0.625 \times 0.75 = 0.46875$

△ケ ① $\dfrac{3}{10} \times \dfrac{2}{5} = \dfrac{3 \times \overset{1}{2}}{\underset{5}{10} \times 5} = \dfrac{3}{25}$　　② $\dfrac{1}{2} \times \dfrac{4}{3} = \dfrac{1 \times \overset{2}{4}}{\underset{1}{2} \times 3} = \dfrac{2}{3}$

③ $\dfrac{8}{9} \times \dfrac{11}{12} = \dfrac{\overset{2}{8} \times 11}{9 \times \underset{3}{12}} = \dfrac{22}{27}$　　④ $\dfrac{3}{4} \times \dfrac{5}{6} = \dfrac{\overset{1}{3} \times 5}{4 \times \underset{2}{6}} = \dfrac{5}{8}$

⑤ $\dfrac{5}{12} \times \dfrac{4}{15} = \dfrac{\overset{1}{5} \times \overset{1}{4}}{\underset{3}{12} \times \underset{3}{15}} = \dfrac{1}{9}$　　⑥ $\dfrac{9}{10} \times \dfrac{2}{3} = \dfrac{\overset{3}{9} \times \overset{1}{2}}{\underset{5}{10} \times \underset{1}{3}} = \dfrac{3}{5}$

⑦ $\dfrac{21}{8} \times \dfrac{24}{35} = \dfrac{\overset{3}{\cancel{21}} \times \overset{3}{\cancel{24}}}{\underset{1}{\cancel{8}} \times \underset{5}{\cancel{35}}} = \dfrac{9}{5}$ $\left(1\dfrac{4}{5}\right)$

⑧ $\dfrac{5}{12} \times \dfrac{26}{9} \times \dfrac{3}{4} = \dfrac{5 \times \overset{13}{\cancel{26}} \times \overset{1}{\cancel{3}}}{\underset{6}{\cancel{12}} \times \underset{3}{\cancel{9}} \times 4} = \dfrac{65}{72}$

◆ケ ⑦…4 ⑦…3 ⑦…5 ⑦…2 (⑦…5 ⑦…2 ⑦…4 ⑦…3)

◇コ ① $7 \times \dfrac{3}{4} = \dfrac{7 \times 3}{1 \times 4} = \dfrac{21}{4}$ $\left(5\dfrac{1}{4}\right)$ ② $10 \times \dfrac{5}{8} = \dfrac{\overset{5}{\cancel{10}} \times 5}{1 \times \underset{4}{\cancel{8}}} = \dfrac{25}{4}$ $\left(6\dfrac{1}{4}\right)$

③ $\dfrac{4}{9} \times 2 = \dfrac{4 \times 2}{9 \times 1} = \dfrac{8}{9}$ ④ $\dfrac{11}{18} \times 6 = \dfrac{11 \times \overset{1}{\cancel{6}}}{\underset{3}{\cancel{18}} \times 1} = \dfrac{11}{3}$ $\left(3\dfrac{2}{3}\right)$

⑤ $\dfrac{3}{5} \times 2\dfrac{5}{8} = \dfrac{3}{5} \times \dfrac{21}{8} = \dfrac{3 \times 21}{5 \times 8} = \dfrac{63}{40}$ $\left(1\dfrac{23}{40}\right)$

⑥ $1\dfrac{1}{2} \times \dfrac{4}{9} = \dfrac{3}{2} \times \dfrac{4}{9} = \dfrac{\overset{1}{\cancel{3}} \times \overset{2}{\cancel{4}}}{\underset{1}{\cancel{2}} \times \underset{3}{\cancel{9}}} = \dfrac{2}{3}$

⑦ $1\dfrac{2}{3} \times 1\dfrac{5}{7} = \dfrac{5}{3} \times \dfrac{12}{7} = \dfrac{5 \times \overset{4}{\cancel{12}}}{\underset{1}{\cancel{3}} \times 7} = \dfrac{20}{7}$ $\left(2\dfrac{6}{7}\right)$

⑧ $2\dfrac{5}{14} \times 1\dfrac{1}{6} = \dfrac{33}{14} \times \dfrac{7}{6} = \dfrac{\overset{11}{\cancel{33}} \times \overset{1}{\cancel{7}}}{\underset{2}{\cancel{14}} \times \underset{2}{\cancel{6}}} = \dfrac{11}{4}$ $\left(2\dfrac{3}{4}\right)$

◆コ $2\dfrac{1}{4} \times 1\dfrac{2}{3} = \dfrac{9}{4} \times \dfrac{5}{3} = \dfrac{\overset{3}{\cancel{9}} \times 5}{4 \times \underset{1}{\cancel{3}}} = \dfrac{15}{4}$ $\left(3\dfrac{3}{4}\right)$

$1\dfrac{2}{3} \times \dfrac{4}{5} = \dfrac{5}{3} \times \dfrac{4}{5} = \dfrac{\overset{1}{\cancel{5}} \times 4}{3 \times \underset{1}{\cancel{5}}} = \dfrac{4}{3}$ $\left(1\dfrac{1}{3}\right)$

$\dfrac{15}{4} \times \dfrac{4}{3} = \dfrac{\overset{5}{\cancel{15}} \times \overset{1}{\cancel{4}}}{\underset{1}{\cancel{4}} \times \underset{1}{\cancel{3}}} = 5$

◇サ ① $\left(\dfrac{8}{11} \times \dfrac{3}{7}\right) \times \dfrac{7}{3} = \dfrac{8}{11} \times \left(\dfrac{3}{7} \times \dfrac{7}{3}\right) = \dfrac{8}{11} \times 1 = \dfrac{8}{11}$

② $\left(\dfrac{6}{5} + \dfrac{2}{3}\right) \times 15 = \dfrac{6}{5} \times 15 + \dfrac{2}{3} \times 15 = \dfrac{6 \times \overset{3}{\cancel{15}}}{\underset{1}{\cancel{5}} \times 1} + \dfrac{2 \times \overset{5}{\cancel{15}}}{\underset{1}{\cancel{3}} \times 1} = 18 + 10 = 28$

③ $\dfrac{3}{8} \times 6 + \dfrac{3}{8} \times 10 = \dfrac{3}{8} \times (6+10) = \dfrac{3}{8} \times 16 = \dfrac{3 \times \overset{2}{\cancel{16}}}{\underset{1}{\cancel{8}} \times 1} = 6$

◆ サ ⑦…$\dfrac{2}{3}$ ⑦…$\dfrac{3}{10}$ ⑦…$\dfrac{2}{3}$ ⑦…3 ⑦…2 ⑦…$\dfrac{1}{2}$

④ 分数でわる計算を考えよう 教 p.239

◇ シ ① $\dfrac{2}{3} \div \dfrac{5}{7} = \dfrac{2 \times 7}{3 \times 5} = \dfrac{14}{15}$ ② $\dfrac{1}{2} \div \dfrac{2}{5} = \dfrac{1 \times 5}{2 \times 2} = \dfrac{5}{4}$ $\left(1\dfrac{1}{4}\right)$

③ $\dfrac{5}{9} \div \dfrac{4}{5} = \dfrac{5 \times 5}{9 \times 4} = \dfrac{25}{36}$ ④ $\dfrac{5}{8} \div \dfrac{4}{15} = \dfrac{5 \times 15}{8 \times 4} = \dfrac{75}{32}$ $\left(2\dfrac{11}{32}\right)$

◆ シ ある数を x とすると $x \times \dfrac{5}{4} = \dfrac{1}{3}$ $x = \dfrac{1}{3} \div \dfrac{5}{4} = \dfrac{1 \times 4}{3 \times 5} = \dfrac{4}{15}$

正しい答えは $\dfrac{4}{15} \times \dfrac{4}{5} = \dfrac{4 \times 4}{15 \times 5} = \dfrac{16}{75}$

答え　ある数…$\dfrac{4}{15}$、 正しい答え…$\dfrac{16}{75}$

◆ ス ① $\dfrac{4}{9} \div \dfrac{5}{6} = \dfrac{4 \times \overset{2}{\cancel{6}}}{\underset{3}{\cancel{9}} \times 5} = \dfrac{8}{15}$ ② $\dfrac{1}{8} \div \dfrac{1}{4} = \dfrac{1 \times \overset{1}{\cancel{4}}}{\underset{2}{\cancel{8}} \times 1} = \dfrac{1}{2}$

③ $\dfrac{3}{10} \div \dfrac{2}{5} = \dfrac{3 \times \overset{1}{\cancel{5}}}{\underset{2}{\cancel{10}} \times 2} = \dfrac{3}{4}$ ④ $\dfrac{7}{12} \div \dfrac{8}{15} = \dfrac{7 \times \overset{5}{\cancel{15}}}{\underset{4}{\cancel{12}} \times 8} = \dfrac{35}{32}$ $\left(1\dfrac{3}{32}\right)$

⑤ $\dfrac{9}{4} \div \dfrac{21}{8} = \dfrac{\overset{3}{\cancel{9}} \times \overset{2}{\cancel{8}}}{\underset{1}{\cancel{4}} \times \underset{7}{\cancel{21}}} = \dfrac{6}{7}$ ⑥ $\dfrac{7}{18} \div \dfrac{14}{27} = \dfrac{\overset{1}{\cancel{7}} \times \overset{3}{\cancel{27}}}{\underset{2}{\cancel{18}} \times \underset{1}{\cancel{14}}} = \dfrac{3}{4}$

⑦ $\dfrac{3}{14} \div \dfrac{6}{7} = \dfrac{\overset{1}{\cancel{3}} \times \overset{1}{\cancel{7}}}{\underset{2}{\cancel{14}} \times \underset{2}{\cancel{6}}} = \dfrac{1}{4}$ ⑧ $\dfrac{10}{9} \div \dfrac{5}{12} = \dfrac{\overset{2}{\cancel{10}} \times \overset{4}{\cancel{12}}}{\underset{3}{\cancel{9}} \times \underset{1}{\cancel{5}}} = \dfrac{8}{3}$ $\left(2\dfrac{2}{3}\right)$

⑨ $\dfrac{3}{4} \times \dfrac{1}{9} \div \dfrac{5}{2} = \dfrac{3}{4} \times \dfrac{1}{9} \times \dfrac{2}{5} = \dfrac{\overset{1}{\cancel{3}} \times 1 \times \overset{1}{\cancel{2}}}{\underset{2}{\cancel{4}} \times \underset{3}{\cancel{9}} \times 5} = \dfrac{1}{30}$

⑩ $\dfrac{6}{7} \div \dfrac{5}{14} \times \dfrac{1}{4} = \dfrac{6}{7} \times \dfrac{14}{5} \times \dfrac{1}{4} = \dfrac{\overset{3}{\cancel{6}} \times \overset{2}{\cancel{14}} \times 1}{\underset{1}{\cancel{7}} \times 5 \times \underset{2}{\cancel{4}}} = \dfrac{3}{5}$

⑪ $\dfrac{7}{12} \div \dfrac{5}{6} \div 14 = \dfrac{7}{12} \times \dfrac{6}{5} \times \dfrac{1}{14} = \dfrac{\overset{1}{\cancel{7}} \times \overset{1}{\cancel{6}} \times 1}{\underset{2}{\cancel{12}} \times 5 \times \underset{2}{\cancel{14}}} = \dfrac{1}{20}$

ス ① $\square = 1 \times \dfrac{3}{5} \times \dfrac{5}{14} = \dfrac{1 \times 3 \times \overset{1}{\cancel{5}}}{1 \times \underset{}{\cancel{5}} \times 14} = \dfrac{3}{14}$

② $\square = \dfrac{1}{3} \div \dfrac{3}{10} \times \dfrac{9}{8} = \dfrac{1}{3} \times \dfrac{10}{3} \times \dfrac{9}{8} = \dfrac{1 \times \overset{5}{\cancel{10}} \times \overset{3}{\cancel{9}}}{\underset{1}{\cancel{3}} \times \underset{1}{\cancel{3}} \times \underset{4}{\cancel{8}}} = \dfrac{5}{4} \quad \left(1\dfrac{1}{4}\right)$

セ ① $7 \div \dfrac{3}{4} = \dfrac{7 \times 4}{1 \times 3} = \dfrac{28}{3} \quad \left(9\dfrac{1}{3}\right)$　② $4 \div \dfrac{8}{9} = \dfrac{\overset{1}{\cancel{4}} \times 9}{1 \times \underset{2}{\cancel{8}}} = \dfrac{9}{2} \quad \left(4\dfrac{1}{2}\right)$

③ $\dfrac{2}{5} \div 3 = \dfrac{2 \times 1}{5 \times 3} = \dfrac{2}{15}$　　　④ $\dfrac{3}{4} \div 6 = \dfrac{\overset{1}{\cancel{3}} \times 1}{4 \times \underset{2}{\cancel{6}}} = \dfrac{1}{8}$

⑤ $2\dfrac{3}{4} \div \dfrac{3}{8} = \dfrac{11}{4} \div \dfrac{3}{8} = \dfrac{11 \times \overset{2}{\cancel{8}}}{\underset{1}{\cancel{4}} \times 3} = \dfrac{22}{3} \quad \left(7\dfrac{1}{3}\right)$

⑥ $\dfrac{1}{6} \div 1\dfrac{2}{7} = \dfrac{1}{6} \div \dfrac{9}{7} = \dfrac{1 \times 7}{6 \times 9} = \dfrac{7}{54}$

⑦ $1\dfrac{2}{5} \div 1\dfrac{1}{5} = \dfrac{7}{5} \div \dfrac{6}{5} = \dfrac{7 \times \overset{1}{\cancel{5}}}{\underset{1}{\cancel{5}} \times 6} = \dfrac{7}{6} \quad \left(1\dfrac{1}{6}\right)$

⑧ $2\dfrac{11}{12} \div 4\dfrac{2}{3} = \dfrac{35}{12} \div \dfrac{14}{3} = \dfrac{35 \times \overset{1}{\cancel{3}}}{\underset{4}{\cancel{12}} \times \underset{2}{\cancel{14}}}^{5} = \dfrac{5}{8}$

セ ㋐…3　㋑…2　㋒…6

ソ ① $\dfrac{4}{7} \times \dfrac{5}{6} \times 1.4 = \dfrac{4}{7} \times \dfrac{5}{6} \times \dfrac{14}{10} = \dfrac{\overset{2}{\cancel{4}} \times \overset{1}{\cancel{5}} \times \overset{1}{\cancel{14}}^{2}}{\underset{1}{\cancel{7}} \times \underset{3}{\cancel{6}} \times \underset{1}{\cancel{10}}^{2}} = \dfrac{2}{3}$

② $\dfrac{3}{8} \div \dfrac{7}{12} \times 3.5 = \dfrac{3}{8} \div \dfrac{7}{12} \times \dfrac{35}{10} = \dfrac{3 \times \overset{3}{\cancel{12}} \times \overset{5}{\cancel{35}}}{\underset{2}{\cancel{8}} \times \underset{1}{\cancel{7}} \times \underset{2}{\cancel{10}}} = \dfrac{9}{4} \quad \left(2\dfrac{1}{4}\right)$

③ $1.8 \div \dfrac{10}{9} \div 0.27 = \dfrac{18}{10} \div \dfrac{10}{9} \div \dfrac{27}{100} = \dfrac{\overset{6}{\cancel{18}} \times \overset{1}{\cancel{9}} \times \overset{10}{\cancel{100}}}{\underset{1}{\cancel{10}} \times \underset{1}{\cancel{10}} \times \underset{3}{\cancel{27}}} = 6$

新しい算数6 プラス

④ $0.45 \times 4 \div 6.3 = \dfrac{45}{100} \times \dfrac{4}{1} \div \dfrac{63}{10} = \dfrac{45 \times 4 \times 10}{100 \times 1 \times 63} = \dfrac{2}{7}$

⑤ $5 \div 1.25 \times 0.9 = \dfrac{5}{1} \div \dfrac{125}{100} \times \dfrac{9}{10} = \dfrac{5 \times 100 \times 9}{1 \times 125 \times 10} = \dfrac{18}{5} \quad \left(3\dfrac{3}{5}\right)$

⑥ $5.4 \times 0.05 \div 9 = \dfrac{54}{10} \times \dfrac{5}{100} \div \dfrac{9}{1} = \dfrac{54 \times 5 \times 1}{10 \times 100 \times 9} = \dfrac{3}{100}$

◆ソ $6 \times 0.25 \times \dfrac{5}{9} = \dfrac{6}{1} \times \dfrac{25}{100} \times \dfrac{5}{9} = \dfrac{6 \times 25 \times 5}{1 \times 100 \times 9} = \dfrac{5}{6}$

$\dfrac{9}{2} \div 4.5 \div \dfrac{5}{6} = \dfrac{9}{2} \div \dfrac{45}{10} \div \dfrac{5}{6} = \dfrac{9 \times 10 \times 6}{2 \times 45 \times 5} = \dfrac{6}{5} \quad \left(1\dfrac{1}{5}\right)$

$\dfrac{6}{5} \div 0.3 \div 6 = \dfrac{6}{5} \div \dfrac{3}{10} \div \dfrac{6}{1} = \dfrac{6 \times 10 \times 1}{5 \times 3 \times 6} = \dfrac{2}{3}$

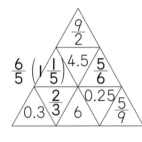

○ 分数の倍 教 p.240

△タ ① $\dfrac{7}{8} \div \dfrac{3}{4} = \dfrac{7 \times 4}{8 \times 3} = \dfrac{7}{6} \quad \left(1\dfrac{1}{6}\right)$

答え $\dfrac{7}{6}$倍 $\left(1\dfrac{1}{6}倍\right)$

② $\dfrac{3}{10} \div \dfrac{2}{5} = \dfrac{3 \times 5}{10 \times 2} = \dfrac{3}{4}$

◆タ ① $\dfrac{15}{28} \div \dfrac{5}{7} = \dfrac{15 \times 7}{28 \times 5} = \dfrac{3}{4}$

② $\dfrac{45}{56} \div \dfrac{15}{28} = \dfrac{45 \times 28}{56 \times 15} = \dfrac{3}{2} \quad \left(1\dfrac{1}{2}\right)$

大プールの縦の長さをxmとすると、$x \times \dfrac{3}{5} = 15$

$$x = 15 \div \dfrac{3}{5} = \dfrac{\overset{5}{\cancel{15}} \times 5}{1 \times \cancel{3}} = 25$$

答え　25m

 ① $1600 \times \dfrac{3}{4} = \dfrac{\overset{400}{\cancel{1600}} \times 3}{1 \times \cancel{4}} = 1200$

答え　1200m

② 高学年が走る道のりをxmとすると、$x \times \dfrac{4}{5} = 1600$

$$x = 1600 \div \dfrac{4}{5} = \dfrac{\overset{400}{\cancel{1600}} \times 5}{1 \times \cancel{4}} = 2000$$

答え　2000m

⑤ 割合の表し方を調べよう

教 p.240

 ① $1 \div 4 = \dfrac{1}{4}$　② $12 \div 10 = \dfrac{\overset{6}{\cancel{12}}}{\underset{5}{\cancel{10}}} = \dfrac{6}{5}$　③ $7 \div 14 = \dfrac{\overset{1}{\cancel{7}}}{\underset{2}{\cancel{14}}} = \dfrac{1}{2}$

④ $18 \div 15 = \dfrac{\overset{6}{\cancel{18}}}{\underset{5}{\cancel{15}}} = \dfrac{6}{5}$　⑤ $42 \div 24 = \dfrac{\overset{7}{\cancel{42}}}{\underset{4}{\cancel{24}}} = \dfrac{7}{4}$　⑥ $15 \div 30 = \dfrac{\overset{1}{\cancel{15}}}{\underset{2}{\cancel{30}}} = \dfrac{1}{2}$

等しい比…②と④、③と⑥

 ① $8 \div 12 = \dfrac{\overset{2}{\cancel{8}}}{\underset{3}{\cancel{12}}} = \dfrac{2}{3}$　② $25 \div 10 = \dfrac{\overset{5}{\cancel{25}}}{\underset{2}{\cancel{10}}} = \dfrac{5}{2}$　③ $24 \div 16 = \dfrac{\overset{3}{\cancel{24}}}{\underset{2}{\cancel{16}}} = \dfrac{3}{2}$

④ $27 \div 36 = \dfrac{\overset{3}{\cancel{27}}}{\underset{4}{\cancel{36}}} = \dfrac{3}{4}$　⑤ $30 \div 45 = \dfrac{\overset{2}{\cancel{30}}}{\underset{3}{\cancel{45}}} = \dfrac{2}{3}$　⑥ $18 \div 12 = \dfrac{\overset{3}{\cancel{18}}}{\underset{2}{\cancel{12}}} = \dfrac{3}{2}$

等しい比…①と⑤、③と⑥

 ① $14 : 21 \overset{\div 7}{\underset{\div 7}{=}} 2 : 3$　② $24 : 27 \overset{\div 3}{\underset{\div 3}{=}} 8 : 9$　③ $10 : 8 \overset{\div 2}{\underset{\div 2}{=}} 5 : 4$

④ $42 : 12 \overset{\div 6}{\underset{\div 6}{=}} 7 : 2$

⑦ ㋐ $3 : 2$　㋑ $3 : 1$　㋒ $2 : 3$　㋓ $3 : 2$　だから
同じ味になるものは、㋐、㋓

新しい算数6 プラス

① $0.8:1.4=(0.8×10):(1.4×10)=8:14=\textbf{4:7}$

② $3.2:4=(3.2×10):(4×10)=32:40=\textbf{4:5}$

③ $\dfrac{3}{4}:\dfrac{1}{2}=\left(\dfrac{3}{4}×\overset{1}{\cancel{4}}\right):\left(\dfrac{1}{\cancel{2}}×\overset{2}{\cancel{4}}\right)=\textbf{3:2}$

④ $\dfrac{6}{7}:2=\left(\dfrac{6}{\cancel{7}}×\overset{1}{\cancel{7}}\right):(2×7)=6:14=\textbf{3:7}$

 ㋐ $1.2:0.15=(1.2×100):(0.15×100)=120:15=\textbf{8:1}$

㋑ $0.12:0.15=(0.12×100):(0.15×100)=12:15=\textbf{4:5}$

㋒ $1:1.25=(1×100):(1.25×100)=100:125=\textbf{4:5}$

㋓ $2:\dfrac{5}{2}=(2×2):\left(\dfrac{5}{\cancel{2}}×\overset{1}{\cancel{2}}\right)=\textbf{4:5}$

㋔ $\dfrac{1}{6}:\dfrac{2}{15}=\left(\dfrac{1}{\cancel{6}}×\overset{5}{\cancel{30}}\right):\left(\dfrac{2}{\cancel{15}}×\overset{2}{\cancel{30}}\right)=\textbf{5:4}$

㋕ $1\dfrac{1}{4}:1=\dfrac{5}{4}:1=\left(\dfrac{5}{\cancel{4}}×\overset{1}{\cancel{4}}\right):(1×4)=\textbf{5:4}$

だから、4 : 5 となるものは、 **㋑、㋒、㋓**

△ナ ① $9:24=\overset{\div3}{x}:8$　　$x=9÷3=\textbf{3}$　　　**3**

② $30:\underset{×6}{\overset{×6}{x}}=5:6$　　$x=6×6=36$　　**36**

◇ナ ① $x:\underset{×\frac{2}{3}}{\overset{×\frac{2}{3}}{\dfrac{4}{3}}}=3:2$　　だから、

　　　　　$x=3×\dfrac{2}{3}=\textbf{2}$

② $x:\underset{×5}{\overset{×5}{4}}=\dfrac{7}{5}:0.8$　　だから、

　　　　$x=\dfrac{7}{5}×5=\textbf{7}$

6 形が同じで大きさがちがう図形を調べよう 教 p.241～242

 省略

 図は省略　対角線の長さ…拡大図は2倍、縮図は $\frac{1}{2}$ になっている。

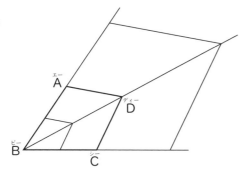

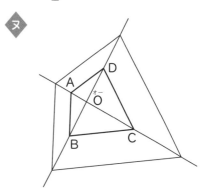

BA、BD、BC をそれぞれ2倍、$\frac{1}{2}$ にする。

OA、OB、OC、OD をそれぞれ2倍にする。

7 データの特ちょうを調べて判断しよう 教 p.242～243

 ①　A…30m以上35m未満の階級

　　　　B…35m以上40m未満の階級

②　A…7人、B…8人だから、多いのは、**Bチーム**

③　(例) Aチームは、真ん中が高くなっている。左右対称に近い形をしている。

　　　　Bチームは、右のほうが高くなっている。

 ⑦　重さの平均値は

　　　1班…285g、2班…283.5g

　　　だから、**1班**

　⑦　いちばん度数が多い階級は

　　　1班…260g以上270g未満の階級

　　　2班…280g以上290g未満の階級

　　　だから、**2班**

 (例)　反対

　　　理由…実際にいちばんよく売れたくつのサイズ(最頻値)に注目したほうが

　　　　　　よいから。

新しい算数6 プラス

⑧ 円の面積の求め方を考えよう　　　　　　　　　　　　教 p.243

◤ハ◥
① 4×4×3.14＝50.24　　　　　　　　　　　　答え　50.24cm²
② 2×2×3.14÷4＝3.14　　　　　　　　　　　　答え　3.14cm²
③ 10×10×3.14÷2＝157　　　　　　　　　　　答え　157cm²

◆ハ◆
① 6×6×3.14＝113.04　　　　　　　　　　　　答え　113.04cm²
② 円の半径は　　62.8÷3.14÷2＝10
　　円の面積は　　10×10×3.14＝314　　　　　　答え　314cm²

◤ヒ◥
① 大きな円…8×8×3.14＝200.96
　　小さい円の2つ分…4×4×3.14×2＝100.48
　　200.96－100.48＝100.48　　　　　　　　　答え　100.48cm²
② 縦6cm、横9cmの長方形の面積から、直径6cmの半円の2つ分（直径6cm
　　の円）の面積をひけばよい。
　　長方形の面積…6×9＝54
　　直径6cmの円の面積…3×3×3.14＝28.26
　　54－28.26＝25.74　　　　　　　　　　　　答え　25.74cm²

◆ヒ◆
① 5×5×3.14×5＝392.5　　　　　　　　　　　答え　392.5cm²
② 大きな円の半径は15cmになるから
　　15×15×3.14－392.5＝314　　　　　　　　答え　314cm²

⑨ 角柱と円柱の体積の求め方を考えよう　　　　　　　　教 p.244

◁ラ▷
① 7×4÷2×6＝84　　　　　　　　　　　　　　答え　84cm³
② (4＋3)×2÷2×3＝21　　　　　　　　　　　　答え　21cm³

◆ラ◆
① (3＋15)×5÷2×9＝405　　　　　　　　　　　答え　405cm³
② 6×8÷2×10＝240　　　　　　　　　　　　　答え　240cm³

① 6×6×3.14×5＝565.2　　　　　　　　　　　答え　565.2cm³
② 4×4×3.14×7＝351.68　　　　　　　　　　答え　351.68cm³

① 3×3×3.14÷4×4＝28.26　　　　　　　　　　答え　28.26cm³
② 10×10×3.14×10＋20×20×3.14×10＝15700
　　　　　　　　　　　　　　　　　　　　　　答え　15700cm³

⑪ 比例の関係をくわしく調べよう

教 p.244〜245

 ① 比例している。

② ⑦…$\frac{1}{2}$　⑦…$\frac{1}{3}$　⑦…$\frac{1}{3}$

 ① 比例している。

② 時間が20分から50分へと2.5倍になると道のりも2.5倍になるから

$4.5 \times 2.5 = 11.25$　　　　答え　11.25km $\left(\frac{45}{4}km\right)$

③ 道のりが13.5kmから27kmへと2倍になると時間も2倍になるから

$60 \times 2 = 120$　　　　　　答え　120分

⑫ 順序よく整理して調べよう

教 p.245

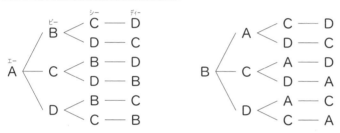

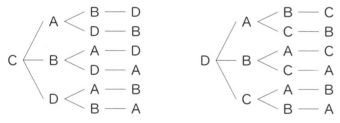

ABCD、ABDC、ACBD、ACDB、ADBC、ADCB、BACD、BADC、BCAD、BCDA、BDAC、BDCA、CABD、CADB、CBAD、CBDA、CDAB、CDBA、DABC、DACB、DBAC、DBCA、DCAB、DCBA

答え　24通り

 千の位には0のカードが使えないから

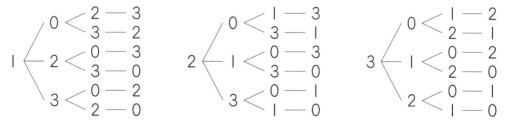

1023、1032、1203、1230、1302、1320、2013、2031、2103、2130、2301、2310、3012、3021、3102、3120、3201、3210

答え　18通り

（赤、青）、（赤、黄）、（赤、緑）、（赤、白）、
（赤、黒）、（青、黄）、（青、緑）、（青、白）、
（青、黒）、（黄、緑）、（黄、白）、（黄、黒）、
（緑、白）、（緑、黒）、（白、黒）

<u>答え　15通り</u>

 （例）　しょう油…ⓛ、みそ…ⓜ、チャーシュー…チ、メンマ…メ、コーン…コ、
のり…の、卵…た

として、スープ1つとトッピング2つの組み合わせを考える。

（ⓛ、チ、メ）、（ⓛ、チ、コ）、（ⓛ、チ、の）、（ⓛ、チ、た）、（ⓛ、メ、コ）、
（ⓛ、メ、の）、（ⓛ、メ、た）、（ⓛ、コ、の）、（ⓛ、コ、た）、（ⓛ、の、た）、
（ⓜ、チ、メ）、（ⓜ、チ、コ）、（ⓜ、チ、の）、（ⓜ、チ、た）、（ⓜ、メ、コ）、
（ⓜ、メ、の）、（ⓜ、メ、た）、（ⓜ、コ、の）、（ⓜ、コ、た）、（ⓜ、の、た）

<u>答え　20通り</u>

おもしろもんだいにチャレンジ ✨ 教 p.248〜253

② 数量やその関係を式に表そう 教 p.248

1 ① ⑦ $x \times 5 = y$ 　　⑦ $5 \times x = y$

(⑦、⑦のどちらも)xの値が決まると、yの値も**決まる**。

② xの値が2倍、3倍、…になると、それにともなってyの値も2倍、
3倍、…になるから、**正しい**。

③ ⑦ $(x+5) \times 4 \div 2 = y$

⑦ $(3+x) \times 4 \div 2 = y$

⑦ $(3+5) \times x \div 2 = y$

(⑦〜⑦のいずれも)xの値が決まると、yの値も**決まる**。

④ xの値が2倍、3倍、…になると、それにともなってyの値も2倍、
3倍、…になるから、⑦が比例する。（表は省略）

④ 分数でわる計算を考えよう 教 p.249

1 ① $0.4 \div 0.7 = \dfrac{0.4}{0.7} = \dfrac{0.4 \times 10}{0.7 \times 10} = \dfrac{4}{7}$

② $3 \div 1.25 = \dfrac{3}{1.25} = \dfrac{3 \times 100}{1.25 \times 100} = \dfrac{\overset{12}{300}}{\underset{5}{125}} = \dfrac{12}{5} \quad \left(2\dfrac{2}{5}\right)$

③ $\dfrac{2}{3} \div \dfrac{8}{9} = \dfrac{\frac{2}{3}}{\frac{8}{9}} = \dfrac{\frac{2}{3} \times \frac{9}{8}}{\frac{8}{9} \times \frac{9}{8}} = \dfrac{2}{3} \times \dfrac{9}{8} = \dfrac{\overset{}{2} \times \overset{3}{9}}{\underset{1}{3} \times \underset{4}{8}} = \dfrac{3}{4}$

④ $1.5 \div 2.25 = \dfrac{1.5}{2.25} = \dfrac{1.5 \times 100}{2.25 \times 100} = \dfrac{\overset{2}{150}}{\underset{3}{225}} = \dfrac{2}{3}$

⑤ $\dfrac{24}{7} \div \dfrac{48}{35} = \dfrac{\frac{24}{7}}{\frac{48}{35}} = \dfrac{\frac{24}{7} \times \frac{35}{48}}{\frac{48}{35} \times \frac{35}{48}} = \dfrac{24}{7} \times \dfrac{35}{48} = \dfrac{\overset{1}{24} \times \overset{5}{35}}{\underset{1}{7} \times \underset{2}{48}} = \dfrac{5}{2} \quad \left(2\dfrac{1}{2}\right)$

2 （例）① $\dfrac{1}{2} \boxed{+} \dfrac{1}{3} \boxed{+} \dfrac{1}{6} = 1$ 　　$\dfrac{1}{2} \boxed{\times} \dfrac{1}{3} \boxed{\div} \dfrac{1}{6} = 1$

② $\dfrac{1}{6} \boxed{\div} \dfrac{1}{3} \boxed{\div} \dfrac{1}{4} = 2$ 　　$\left(\dfrac{1}{6} \boxed{+} \dfrac{1}{3}\right) \boxed{\div} \dfrac{1}{4} = 2$

③ $\dfrac{1}{4} \boxed{\div} \dfrac{1}{2} \boxed{\div} \dfrac{1}{6} = 3$ 　　$\dfrac{1}{4} \boxed{\div} \left(\dfrac{1}{2} \boxed{\times} \dfrac{1}{6}\right) = 3$

④ $\dfrac{1}{3} \boxed{\div} \dfrac{1}{2} \boxed{\div} \dfrac{1}{6} = 4$ 　　$\dfrac{1}{3} \boxed{\div} \left(\dfrac{1}{2} \boxed{\times} \dfrac{1}{6}\right) = 4$

⑤ 割合の表し方を調べよう　　　　　　　　　　　教 p.250

考え方 。 高さが同じ三角形や平行四辺形では、面積の比は底辺の長さの比と
等しくなります。

1 ①

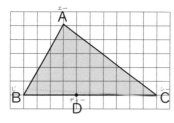

② 三角形ABDの面積は、三角形ABCの面積を1とみると、$\frac{2}{5}$にあたるから

$$25 \times \frac{2}{5} = 10$$

同じように、三角形ADCの面積は$\frac{3}{5}$にあたるから

$$25 \times \frac{3}{5} = 15$$

答え　三角形ABD…10cm^2、三角形ADC…15cm^2

2 ① 三角形ABE、三角形EBC、三角形
ECDの面積の比は、右の図のように
　　3 : 5 : 2
になるから、三角形ABEと四角形
EBCDの面積の比は
　　3 : (5+2) = 3 : 7

答え　3 : 7

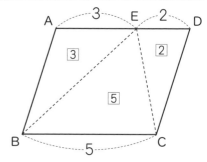

② ①と同じように考えて、右の図から、
四角形ABFEと四角形EFCDの面積の
比は
　　(1+3) : (4+2) = 4 : 6
　　　　　　　　　　 = 2 : 3

答え　2 : 3

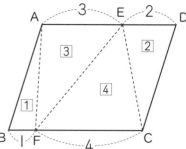

注意 ①では面積の比は、三角形ABEの底辺と台形EBCDの上底と下底
の和の比、②では、2つの台形ABFEと台形EFCDの上底と下底の
和の比になっています。

3 (例)

⑥ 形が同じで大きさがちがう図形を調べよう　教 p.251

1 ① 拡大図では、対応する辺の長さの比は等しいから、辺EHの長さを$x$cmと

すると

$$2:3=5:x \qquad x=3×\frac{5}{2}=7.5 \qquad\qquad 答え \quad \underline{7.5\,cm}$$

（$×\frac{5}{2}$）

② 縦の長さは8cmになるから、できる長方形は長方形ABCDの4倍の拡大図

になる。

4倍の拡大図の横の長さは、5×4＝20（cm）だから、のばす長さは

20－7.5＝12.5　　　　　　　　　　　　　答え　12.5cm

2 正方形…(8×8)÷(4×4)＝4　　　　　　　　答え　4 倍

直角三角形…(8×6÷2)÷(4×3÷2)＝4　　　答え　4 倍

ひし形…(4×8÷2)÷(2×4÷2)＝4　　　　　答え　4 倍

（2倍の拡大図の面積は、どれも、もとの図形の面積の4倍になっている。）

⑧ 円の面積の求め方を考えよう　教 p.252

1 考え方 ① 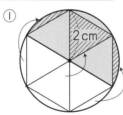 ②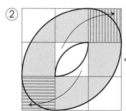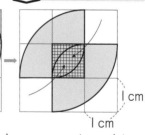

求める面積は、

半径2cmの円の半分。

求める面積は、

半径2cmの円の$\frac{1}{4}$の2つ分 $\left(円の\frac{1}{2}\right)$。

③ 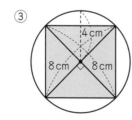 ④ ③の問題の白い

部分の面積を

求めて、③の

答えからひく。

対角線が円の直径になる。

2本の対角線の長さが

8cmのひし形（正方形）。

① $2 \times 2 \times 3.14 \div 2 = 6.28$ 答え **6.28cm²**
② $2 \times 2 \times 3.14 \div 2 = 6.28$ 答え **6.28cm²**
③ $8 \times 8 \div 2 = 32$ 答え **32cm²**
④ $4 \times 4 \times 3.14 - 32 = 18.24$
$32 - 18.24 = 13.76$ 答え **13.76cm²**

⑨ 角柱と円柱の体積の求め方を考えよう　　教 p.252

1 ⑦の円柱の体積は　　$10 \times 10 \times 3.14 \times 20 = 6280$
⑦の円柱の体積は　　$5 \times 5 \times 3.14 \times 10 = 785$
$6280 \div 785 = 8$ 答え **8倍**

2 ⑦の円柱の体積は　　$10 \times 10 \times 3.14 \times 40 = 12560 (cm^3)$
⑦の円柱の高さを x cm とすると
$20 \times 20 \times 3.14 \times x = 12560$
$x = 10$ 答え **10cm**

⑪ 比例の関係をくわしく調べよう　　教 p.253

1 考え方 。底の面の面積が小さいとき、水の深さは早く深くなります。
① ⑦　　② ⑤　　③ ⑦　　④ ⑦

2 考え方 。点Eが辺ABの上にあるとき…面積はだんだん大きくなります。
点Eが辺BCの上にあるとき…三角形AEDは、底辺がADで高さが
ABと等しくなり、どちらも変わら
ないので、三角形AEDの面積は変わ
りません。
点Eが辺CDの上にあるとき…面積はだんだん小さくなります。
求めるグラフは、⑦